Lisa Gunzenheimer & Kirsten Mahne
Stay Pawsitive!

Lisa Gunzenheimer &
Kirsten Mahne

Stay Pawsitive!

Wie du die Basis für eine glückliche
Mensch-Hund-Bindung schaffst

allegria

Besuchen Sie uns im Internet:

www.ullstein.de

Allegria ist ein Verlag der Ullstein Buchverlage

Wir verpflichten uns zu Nachhaltigkeit
- Klimaneutrales Produkt
- Papiere aus nachhaltiger Waldwirtschaft
- ullstein.de/nachhaltigkeit

Originalausgabe im Allegria Taschenbuch

1. Auflage Juni 2021

© Ullstein Buchverlage GmbH, Berlin 2021

Umschlaggestaltung: zero-media.net, München

Titelabbildung: © Anika Lauer

Fotos im Bildteil: Privat, bis auf S. 4, 5, 8: © Anika Lauer

Symbole im Innenteil: © Silvan Hillius

Buchgestaltung: Axel Raidt, Berlin

Satz: Red Cape Production, Berlin

Gesetzt aus der Tisa Pro und Amaro

Druck und Bindearbeiten: CPI books GmbH, Leck

ISBN 978-3-548-06449-9

Inhalt

Für dich und deinen Hund

EINLEITUNG
Teamwork MAKES THE DREAM WORK

Vor Kurzem fragte uns eine Kundin: »Was ist schon eine glückliche Mensch-Hund-Bindung? Definiert das nicht jeder anders für sich?« Ja und nein, die Basis ist immer dieselbe. Denn Bindung basiert auf gegenseitigem Vertrauen. Wir alle kommen im Leben einmal an den Punkt, an dem wir das Vertrauen in uns, unsere Fähigkeiten und vielleicht auch für einen kurzen Moment das Vertrauen zu unseren Hunden verlieren. Es werden immer wieder neue Probleme auftauchen, kleine oder große. Dein Hund wird dich vielleicht irgendwann wieder an den Rand des Wahnsinns bringen, wird dich und dein Handeln hinterfragen, wird dich und dein Verhalten spiegeln, und du wirst dir wünschen, dass einfach jemand mit einer Lösung um die Ecke kommt und deine Welt wieder in Ordnung bringt.

Uns ist es auch schon oft so mit unseren Hunden und allgemein im Leben ergangen. Ob es nun gesundheitliche oder trainingsspezifische Themen betraf. Wir alle waren schon an einem solchen Tiefpunkt. Doch was wir dir mit diesem Buch an die Hand geben wollen, ist kein Leitfaden, der dir aufzeigt, wie du innerhalb kürzester Zeit alle Probleme mit deinem Hund löst. Nein, wir wollen tiefer gehen und die Ur-

sache dieser Probleme finden. Wir möchten dein Inneres berühren und dich selbst zum Nachdenken und Reflektieren
anregen. Leider gibt es die eine und richtige Lösung, die für
alle Hundehalter passt, einfach nicht. Wir möchten dir aber
helfen, eine individuelle Lösung für dein Mensch-Hund-
Team zu finden, die zu euch passt.

2017 begann unsere gemeinsame Reise von Pawsitive
Life Coaching®. Zwei Freundinnen, die die Liebe zu ihren
Hunden und zur Persönlichkeitsentwicklung teilten und
Menschen mit ihren Hunden unterstützen wollten. In die-
sen vier Jahren ist viel passiert. Wir haben uns selbst enorm
weiterentwickelt. Sowohl beruflich als auch persönlich.
Wir sind zusammengewachsen und durften vielen Mensch-
Hund-Teams zu einer stabilen Mensch-Hund-Bindung und
zu einem entspannten Miteinander verhelfen. Heute wis-
sen wir nach jahrelanger Erfahrung durch Beobachtungen,
Coachings, Aus- und Weiterbildungen und Forschung, was
es braucht, um Hund und Halter gemeinsam als Team in
Training und Alltag zum Erfolg zu bringen – und zwar nachhaltig.

Wir möchten dich dabei unterstützen, wie du erkennst,
welche Bedürfnisse du und dein Hund haben und dir verschiedene Wege aufzeigen, wie du sie erfüllen kannst. Denn
nur du allein bist für dein Glück und für eine harmonische
Mensch-Hund-Bindung verantwortlich. Du darfst es nur
nicht im Außen suchen. Kein Hundetrainer und kein Training der Welt kann dir dieses Glück geben. Es muss in dir
entstehen. Und das wird es. Wenn du dich mit dir selbst und
der Verbindung zu deinem Hund auseinandersetzt. Wenn
du dir die Zeit für dich und deinen Hund nimmst. Dann

wirst du erkennen, dass die Lösung schon immer in dir lag. Lass uns dir helfen, sie zum Vorschein zu bringen.

Wir hören dich. Wir sehen dich. Wir wissen, wie es dir geht. Wir wissen, dass du bereits alles Erdenkliche für deinen Hund getan hast. Wir verstehen, dass man manchmal nicht weiß, wie es weitergehen soll, vielleicht sogar verzweifelt ist und daran denkt aufzugeben. Warum wir das so gut nachfühlen können? Weil wir selbst auch schon mal an diesem Punkt standen, an dem du dich vielleicht gerade befindest. Weil wir selbst genau die gleichen Situationen erlebt haben, die jeder Hundehalter kennt: Ziehen an der Leine, verurteilende Blicke oder abwertende Kommentare anderer Hundehalter, Bellen, Stress und Anspannung bei Hundebegegnungen. Been there, done that. Und deshalb sind wir hier und schreiben dieses Buch. Für dich, für deinen Hund, für euer Mensch-Hund-Team. Du bist nicht allein. Egal, mit welchen Themen ihr gerade als Team zu kämpfen habt, wir sind da. Wir begleiten dich und deinen Hund auf eurem Weg.

Es ist Zeit, wieder Hoffnung zu schöpfen. Zeit für eine neue Sicht auf die Dinge. Zeit, woanders anzusetzen. Zeit, die Komfortzone zu verlassen. Zeit, das Bestmögliche für dich und deinen Hund herauszuholen. Danke, dass du dich dafür öffnest. Danke, dass du für dich und für deinen Hund losgehst. Danke für dein Vertrauen in uns und in dich selbst.

Wir wünschen dir eine wundervolle Reise.

Stay Pawsitive!
Deine Kiki & Deine Lisa

KAPITEL 1

WERDE SELBST ZUM *Experten* FÜR DEINEN HUND

Als ich vor einigen Jahren mit Nala eine unserer üblichen Spazierrunden über Münsters wunderschöne Promenade drehte, fiel mir ein Mensch-Hund-Team auf der anderen Straßenseite auf. Eine Frau, die ganz entspannt und ohne Leine mit ihrem älteren Golden-Retriever-Rüden an Radfahrern, Fußgängern und anderen Hunden vorbeispazierte. Ihr Hund hörte wie eine Eins, machte keinerlei Anstalten, wegzurennen, war mit seiner Aufmerksamkeit ganz bei ihr und schien den Spaziergang mit Frauchen sichtlich zu genießen. Ich fühlte mich schlecht. Warum konnte ich meinem Hund diese Entspanntheit nicht vermitteln? Warum musste mein Hund immer an der Leine ziehen, während ihr Hund das alles so super meisterte? Neid stieg in mir hoch. Wie ungerecht das war!

Als ich die beiden einige Wochen später auf der gleichen Runde wiedertraf, kamen wir ins Gespräch. Brunos Frauchen erzählte mir, dass sie große Schwierigkeiten damit habe, Bruno alleine zu Hause zu lassen, und sie dadurch extrem in ihrem Alltag eingeschränkt sei. Sie könne nicht mal kurz alleine einkaufen gehen, ohne Bruno vorher bei ihren Eltern vorbeizubringen. Abends mal ins Kino oder essen gehen sei schon seit Langem nicht mehr denkbar. Während sie mir das erzählte, konnte ich ihr ansehen, wie hoch ihr Leidensdruck war. Ich tröstete sie und gab ihr ein paar Ratschläge zum entspannten Alleinebleiben aus meinen eigenen Erfahrungen mit Nala. Auf dem Nachhauseweg ließ ich ihre Worte in meinem Kopf nachhallen. Also DAS hatte ich nicht erwartet! Nach außen machten Bruno und sein Frauchen einen so entspannten und ausgeglichenen Eindruck, dass ich niemals auf die Idee gekommen wäre, sie könnten ebenfalls mit den üblichen Alltagsproblemchen zu kämpfen haben. Doch das hatten sie. Sie waren genauso unvollkommen wie Nala und ich. In diesem Moment war ich sogar ziemlich dankbar, dass unser Thema nur die Leinenführigkeit und nicht das entspannte Alleinebleiben war!

Die Sache ist die: Wir sehen immer nur einen Ausschnitt, wenn wir andere Menschen und Hunde beobachten, eine Momentaufnahme. Wir sehen niemals die ganze Geschichte, können nicht hinter die Kulissen blicken und kennen nicht die ganze Wahrheit. Bei keinem Mensch-Hund-Team läuft alles perfekt. Und das muss es auch gar nicht.

Der Experte für deinen Hund

Ähnlich verhält es sich mit Experten, an die wir uns wenden, wenn wir mit unseren Hunden nicht weiterwissen. Ob nun Tierarzt, Hundetrainer, Coach, Verhaltensberater oder Tierheilpraktiker – auch sie sehen lediglich einen kleinen Ausschnitt aus dem Leben unseres Hundes. Da Hunde kontextabhängig lernen, ihr Verhalten also auch jeweils von der aktuellen Situation abhängig ist und von äußeren Umständen beeinflusst wird, kann der Experte, so gut er auch sein mag, niemals das große Ganze sehen, sondern lediglich das Verhalten des Hundes im aktuellen Moment beurteilen. Doch um das Verhalten eines Hundes interpretieren und darauf folgend einen (Trainings-)Plan erstellen zu können, ist es am erfolgversprechendsten, wenn der Hund ganzheitlich betrachtet wird. Das bedeutet: sein Verhalten im gewohnten Umfeld in der entsprechenden, zu behandelnden Situation, sein gesundheitlicher Zustand, seine Vorerfahrungen, die Beziehung zum Halter, der Halter selbst, die Stimmung des Halters etc. – all das spielt eine Rolle. Bleiben wir mal beim Thema Leinenführigkeit, um ein Beispiel zu geben: Gehen wir davon aus, dein Hund zieht ständig an der Leine. An wen würdest du dich zuerst wenden? Vermutlich an den Hundetrainer deines Vertrauens. Als Hundetrainer sind wir natürlich darin geschult, den Hund aus »Trainingsaugen« zu betrachten. Der Trainer sieht sich also an, wie der Hund an der Leine läuft, beobachtet, welche Situationen das Ziehen hervorrufen oder wann es besonders intensiv ist. Anschließend arbeitet er oder sie mit den klassischen Techniken, bezieht moderne Lerntheorien mit ein. So weit alles richtig. Dennoch führt diese Trainingsmaßnahme in diesem Beispiel nicht zum Erfolg. Warum?

Vielleicht hat der Hundetrainer nicht erkannt, dass dein Hund irgendwo Schmerzen hat und deshalb an der Leine nach vorne zieht, um dem unangenehmen Gefühl zu entgehen. Vielleicht ist dein Hund nicht ausreichend ausgelastet und hat so viel überschüssige Energie angesammelt, dass er die Bewegung während des Spaziergangs so sehr als Ventil benötigt, dass er gar nicht anders kann, als zu ziehen. Oder die Frustrationstoleranz deines Hundes ist so gering ausgeprägt, dass er von jedem Reiz überwältigt wird. Vielleicht bist du selbst auch so verunsichert, wenn du weißt, dass du gerade von deiner Hundetrainerin beobachtet und beurteilt wirst, dass dein Hund deine Unsicherheit spürt und zu seinem Vorteil nutzt. Oder du hast schon so häufig negative Erfahrungen mit der Leinenführung gemacht, dass der negative Glaubenssatz »Das schaffen wir doch eh nicht« mittlerweile fest in dir verankert ist.

Ein Hundetrainer kann niemals all das nur anhand einer einzelnen Situation erkennen. Die Lösung des Problems kann also nur gelingen, wenn er dich als Halter in die Anamnese und Problemlösung mit einbezieht.

Eine ganzheitliche Betrachtung und Behandlung im Komplettpaket hört sich natürlich toll an! Wer wünscht sich das nicht? Doch welcher Experte kennt sich gleich gut mit Training, Verhaltenstherapie, gesundheitlichen Aspekten, Medizin, Ernährung, Coaching, mentalem Training und Homöopathie aus? Richtig, keiner. Oder zumindest kaum jemand. Und das ist auch gut so! Denn zum einen wäre diese Person dann kein Experte mehr auf dem einen Gebiet. Zum anderen hätte es zur Folge, dass wir als Hundehalter schnell dazu bereit wären, die Verantwortung für unseren Hund abzugeben. Und das wäre fatal! Denn so gut dieser Experte auch geschult sein mag, es gibt eine Sache, die er niemals vollständig erfassen kann: die ganz individuelle und sehr persönliche Beziehung zwischen dir und deinem Hund – eure Mensch-Hund-Bindung. Denn die ist die Grundlage für alles!

Unser ganzheitlicher Ansatz

Auch wir versuchen mithilfe von Aus- und Weiterbildungen und Erfahrungen so nah wie möglich an das Konzept eines ganzheitlichen Experten heranzukommen. Dies umfasst Grundlagenwissen in vielen Bereichen wie Hundetraining, -psychologie, -verhalten, Ausdruck, Kommunikation, Homöopathie, Aromaöltherapie, Persönlichkeitsentwicklung, Spiritualität, Bachblüten, Vitalpilzen, Phytotherapie und spezifischem Wissen in unseren Fachgebieten. Während sich Lisa auf gesundheitliche Themen spezialisiert hat, beschäftige ich mich vor allem mit dem Einfluss des Halters auf seinen Hund und coache intensiv auf dieser Ebene. Bei mir stehst du als Halter also sehr im Fokus.

Und obwohl wir zu zweit so viele Fachbereiche abdecken, wird es uns niemals möglich sein, ein unerwünschtes Verhalten, eine Situation oder ein Thema bei dir und deinem Hund zu lösen, ohne dass du uns mit deinem besonderen Fachwissen zuarbeitest. Denn weißt du, wer der wahre Experte ist? Das bist DU. Du kennst die Vorlieben deines Hundes. Du weißt, in welchen Situationen er sich wohlfühlt, in welchen er unsicher ist oder wann er Angst hat. Du hast die Erfahrung, auf welche Hundetypen er mit Vorsicht reagiert und welche er im Gegenzug besonders gernhat. Du hast gelernt, bei welchem Futter dein Hund Bauchweh bekommt und welches Futter er besonders gut verträgt. Du siehst, welche Erlebnisse im Laufe des Tages dazu geführt haben, dass dein Hund unruhig schläft. Nur du kannst beurteilen, wann das Verhalten deines Hundes beginnt, sich zu verändern. Nur du bemerkst, wann sich dein Verhalten und deine Stimmung und die deines Hundes einander angleichen. All das sind Dinge, die nur du über deinen Hund weißt. All das sind Informationen, die für die nachhaltige und damit langfristige Lösung eines Problems wie der Leinenführigkeit, aber auch dem entspannten Alleinebleiben oder dem sicheren Rückruf, dem Autofahren, dem Begegnen anderer Hunde und so weiter von großer Bedeutung sein können. Kein Experte der Welt weiß so viel über deinen Hund wie du selbst.

Trotzdem ist es verantwortungsvoll und oft auch notwendig, wenn du dich mit bestimmten Anliegen, wie zum Beispiel Krankheiten oder Verhaltensänderungen, an einen dafür ausgebildeten Experten wendest. Manchmal braucht es auch einen Blick von außen. Selbst wir als ausgebildete Hundetrainerinnen, Hundepsychologinnen und Verhaltensberaterinnen benötigen bei unseren Hunden hin und wieder die Einschätzung eines anderen Experten bei einer bestimmten Situation. Als Halter sieht man manchmal den Wald vor lauter Bäumen nicht mehr.

Wichtig ist aber, die Verantwortung nicht bei den ausgebildeten Profis abzugeben, sondern weiter mitzudenken, seine Expertise in Bezug auf seinen eigenen Hund mit einzubringen und nicht »Ja und Amen« zu sagen, wenn man sich mit einem Behandlungsvorschlag unwohl fühlt. Stattdessen sollte man sich immer fragen: »Passt diese Behandlung zu mir und meinem Hund? Würde ihm das guttun? Ist er vielleicht zu sensibel dafür? Bin ich als Halter bereit, die empfohlene Behandlung/den empfohlenen Trainingsplan umzusetzen?« Du darfst hinterfragen! Du darfst Nein sagen! Trau dich, deine Meinung zu sagen und Zweifel zu äußern, wenn du welche hast. Es gibt fast immer eine Alternative. Denk dabei immer daran, für wen du das machst und wem du deine Stimme gibst. Unser Ziel sollte es immer sein, unsere Hunde im Ganzen zu verstehen. Ihnen das Beste zukommen zu lassen, was sie verdienen. Damit ist weder das teuerste Hundefutter gemeint, noch das funkelndste Halsband oder das ultimativ bequemste Hundebett. Letztendlich kommt es, wie bei uns Menschen auch, auf die wesentlichen Dinge an. Worauf du zurückschaust, wenn dein Hund älter und grauer wird und du weißt, dass euch nur noch eine begrenzte Anzahl an gemeinsamen Tagen auf dieser Erde bleibt. Woran du dann denkst, wird nicht sein: »Hätten wir die Leinenführigkeit doch besser hinbekommen.« Oder: »Hätte ich mal mehr Tricks mit meinem Hund geübt.« Stattdessen wirst du zurückblicken auf die Momente, in denen ihr gemeinsam glücklich wart. Was euch bleibt, ist, wie sehr ihr einander geliebt und dies durch gegenseitiges Verständnis zum Ausdruck gebracht habt.

Was du selbst noch für deinen Hund tun kannst, schauen wir uns in den folgenden Kapiteln genauer an.

KAPITEL 2

DER GANZHEITLICHE ANSATZ: *Ursachenforschung* STATT SYMPTOMBEHANDLUNG

»Nala, jetzt lauf doch endlich mal vernünftig an der Leine!«, schrie ich verzweifelt. Vor lauter Erschöpfung, Wut, Verzweiflung und Schmerz flossen mir die Tränen wie ein Wasserfall über das Gesicht. Meine Hand blutete und war angeschwollen. Ich hatte das Gefühl, schon alles vergeblich versucht zu haben. Zuletzt hatte ich probiert, Nala mit Leckerlis von dem ewigen Ziehen an der Leine abzulenken. Doch sie war auf unseren Spaziergängen so aufgeregt und überdreht, dass sie das Futter nur mit einem Schnappen aus meiner Hand in ihr Maul bekam. Mein letzter verzweifelter Versuch, das Thema Leinenführigkeit für uns zu lösen, endete damit, dass ich mich wieder mal frustriert von ihr zurück nach Hause ziehen ließ. Wieso wollte einfach nichts von dem, was ich ausprobierte, funktionieren? Und als ob die Situation nicht schon belastend genug gewesen wäre, zog am selben Tag »Clicker« in der Wohnung über uns ein.

»Clicker« – so nannten wir den stark verunsicherten Mischlingsrüden, der von seiner noch verunsicherteren Halterin bei jeder Gelegenheit einem Klick-Geräusch ausgesetzt wurde. Sowohl in der Wohnung als auch im Treppenhaus so-

wie auf der Straße hörten wir mehrfach täglich ein durchge-
hendes klick, klick, klick, klick, klick, klick, klick, klick, klick,
klick, klick, klick, klick, klick, klick, klick, klick, klick, klick,
klick. Vermutlich bist du jetzt schon allein vom Lesen genervt von diesem Geräusch. Du kannst dir vielleicht vorstellen, wie es Nala und mir dabei erging. Das monotone Klicken
in den immer gleichbleibenden Abständen brannte sich wie
ein Rhythmus in unser Gehirn ein und machte Nala wahnsinnig! Es war sogar so schlimm, dass es irgendwann aus-
reichte, den Nachbarshund nur von Weitem zu sehen, um
in eine wilde Raserei zu verfallen. Nach einiger Zeit hatte
sich diese Misere so weit hochgeschaukelt, dass ich schon
vor dem Spaziergang mit Bauchschmerzen zu kämpfen
hatte aus Angst, »Clicker« im Treppenhaus oder auf unserem Spaziergang zu begegnen. Die Qualität unserer Spaziergänge nahm immer weiter ab. Die Leinenführigkeit verschlimmerte sich von Tag zu Tag, und der Glaube an mich
selbst war mittlerweile fast vollständig erloschen.

Eines Tages kamen Nala und ich gerade von einem Spaziergang wieder nach Hause, als mich plötzlich ein heftiger Ruck
nach vorne riss. Nala hatte »Clicker« im Visier! Ich wusste
nicht, was ich tun sollte, und versuchte, das Schlimmste zu
verhindern, indem ich Nala mit der Leine hielt, um sie am
Weglaufen zu hindern. Wer schon mal probiert hat, einen
32 kg schweren Hund zu halten, der mit aller Willenskraft
sein anvisiertes Ziel erreichen möchte, der weiß, wovon ich
rede. Mit einem lauten Bellen und einem weiteren Satz nach
vorne sprang Nala in die Leine. Ich hatte es satt. Ich konnte
einfach nicht mehr, nach Monaten des Immer-wieder-Hin-
fallens, Immer-wieder-Aufstehens, des Sichaufraffens.

Meine Kräfte hatten mich verlassen, sowohl körperlich als auch mental und emotional. Es war einfach keine Energie mehr da. Kein Kämpfen, kein Widerstand mehr. Der Punkt war nun erreicht: Ich gab innerlich auf.

Plötzlich im gleichen Moment passierte etwas für mich vollkommen Unerwartetes: Nala blieb stehen! Sie blickte sich zu mir um – Clicker nur noch wenige Meter entfernt – und schaute mich verdutzt und sichtlich irritiert an. Irgendetwas war anders als sonst. Denn für wenige Sekunden war die Leine zwischen uns ohne Spannung, hing locker durch. Sie blickte zu Clicker hinüber, der ebenfalls mächtig erregt, angespannt und zum Angriff bereit auf der anderen Straßenseite an uns vorbeilief, bellte ihm noch einmal halbherzig hinterher – und ging dann einfach weiter! Was war das?! Vollkommen geschockt und überrascht von dem gerade Erlebten, nutzte ich die Gelegenheit, raufte meine letzten Energiereserven zusammen und brachte die mittlerweile wieder ansprechbare Nala schnell nach Hause. Ich setzte mich auf die Couch und versuchte zu verstehen, was da soeben passiert war.

Es brauchte damals etwas Zeit, bis ich begriffen hatte – und es mir auch eingestehen konnte –, wie groß mein Einfluss auf das Verhalten meines Hundes war. Dass das unerwünschte Verhalten meines Hundes nicht ausschließlich an ihm lag, sondern dass auch meine innere Haltung mit hineinspielte. In dem Moment, als ich meinen Widerstand aufgegeben hatte, löste sich auch ein Teil der Anspannung bei Nala. Es ging plötzlich nicht mehr nur darum, was mein Hund für mich tun konnte (brav an der lockeren Leine laufen). Vielmehr wurde mir bewusst, dass es genauso darum ging, was ich für Nala tun, wie ich sie unterstützen konnte. Wie ich ihr dabei helfen konnte, im Alltag klarzukommen. Wie wir nicht mehr einer gegen den anderen, sondern endlich miteinander sein konnten. Und zwar als Team!

Heute, mit sieben Jahren Abstand betrachtet, sehe ich meine Fehler. Ich sehe nicht nur die Themen meines Hundes, sondern auch meine eigenen. Ich verstehe, wie hoch der Druck war, den ich mir selbst und damit auch Nala gemacht hatte. Ich erkenne, wie stark mein Wunsch nach Leistung war. Und wie viel mehr ich auf die Bedürfnisse meines Hundes hätte eingehen müssen. Ich verstehe, dass Nala damals viel mehr Zeit benötigt hätte, um in ihrem neuen Zuhause anzukommen, sich einzugewöhnen und den Familien- und Ortswechsel zu verarbeiten, nachdem wir sie als ausgewachsene Hündin mit keiner leichten Vorgeschichte adoptiert hatten.

Zum Glück habe ich damals noch rechtzeitig umgedacht, meinen Ansatz geändert und die uns noch verbleibende Zeit genutzt, um meine Fehler wiedergutzumachen.

Ein Blick nach Innen

»Geh du vor«, sagte die Seele zum Körper, »auf mich hört er nicht. Vielleicht hört er auf dich.« »Ich werde krank werden, dann wird er Zeit für dich haben«, sagte der Körper zur Seele. [1]
— ULRICH SCHAFFER

Dieses berühmte Zitat bringt sehr gut auf den Punkt, womit so viele von uns im Laufe ihres Lebens zu kämpfen haben. Unbewältigte Themen, die immer wieder auftauchen und sich in unserem Körper manifestieren. In Form von Kopfschmerzen oder Migräne, als Magengeschwür, Hautausschlag oder Panikattacken. Wie häufig greifen wir dann zur Tablette, um den Schmerz zu unterdrücken. Ich kann gar nicht mehr zählen, wie viele Triptane ich mir über die Jahre schon gegen meine Migräne eingeworfen habe. Sofort, wenn sich der drückende, pochende und ziehende Schmerz in Kopf, Nacken und hinter den Augen anbahnte, griff ich zur Tablette. Ganz normal. Die Angst vor einer schlimmen Migräneattacke war einfach zu groß. Dazu kam der Leistungsdruck, trotzdem auf der Arbeit präsent zu bleiben, weiter seine Leistungen zu erbringen, sich nichts anmerken zu lassen und nicht die Schwache zu sein. Nur nicht schon wieder krankschreiben lassen!

Oft ging es aber einfach nicht anders, und so lag ich an einem Mittwochnachmittag zu Hause in meinem Bett. Trotz Warnsignalen war ich am Morgen in die Arbeit gefahren. Mal wieder nicht auf meinen Körper gehört, und ich wurde prompt mit einer Migräneattacke bestraft. Ich übergab mich noch auf der Arbeit, als ich mich wie so oft in der Damentoilette einschloss. Gerade so schaffte ich es noch nach Hause und legte mich, so wie ich war – angezogen in voller Montur – , direkt ins Bett. Vorher zog ich noch die Vorhänge zu und stopfte ein Handtuch vor den unteren Türrahmen, damit auch ja kein Licht hereindrang. Nala lag neben mir – und ihre Anwesenheit und ihr beruhigendes Atmen fingen mich zumindest auf emotionaler Ebene etwas auf. Die Gedanken und mein Magen kreisten. Nach wenigen Minuten fielen mir vor lauter Erschöpfung vom Weinen und Erbrechen die Augen zu.

Meine Geschichte zeigt, wie sehr wir aufgehört haben, auf unsere innere Stimme zu hören, unseren Blick nach innen zu richten und zu hinterfragen, woher solche immer wiederkehrenden Symptome eigentlich kommen und was sie uns mitteilen wollen. Was ist da eigentlich sonst noch los hinter der Fassade der 24/7 immer perfekt funktionierenden Kiki? Druck erzeugt Gegendruck. Doch warum ist der Druck so groß? Kommt er von außen, oder mache ich ihn mir selbst?

Das ging damals eine ganze Weile so, bis ich irgendwann an dem Punkt angelangt war, an dem ich nicht mehr konnte – weder körperlich noch mental oder emotional. Meine Seele musste so laut schreien, bis mein Körper mir signalisierte: »Nein, so kann es definitiv nicht weitergehen.«

An diesem Nachmittag döste ich mit Nala in meinen Armen ein. Schon im Halbschlaf, erinnerte ich mich plötzlich an das Erlebnis mit »Clicker«, unserem Nachbarshund, einige Zeit zuvor. Wie damals meine Gedanken, meine Gefühle und meine innere Haltung Einfluss auf Nalas Verhalten genommen hatten. Wenn es bei Nala funktioniert hatte, ihr Verhalten zu beeinflussen, wenn ich meine innere Haltung veränderte, könnte ich das doch auch mal bei mir selbst versuchen?

Damals war ich noch nicht so tief vertraut mit Methoden und Techniken für das persönliche Wachstum, so wie ich es heute bin. Intuitiv wusste ich aber, was zu tun ist. Nach diesem Tag begann ich mit der inneren Arbeit.

DEINE INNERE STIMME

Unsere Intuition wurde jedem von uns von Natur aus mitgegeben. Wir können unfassbar dankbar für sie sein, denn unsere Intuition weist uns immer den rechten Weg. Nun

liegt es an uns, den Weg zu dieser inneren Stimme wieder-
zufinden und zu lernen, wieder auf sie zu hören. Denn diese
Stimme ständig zu ignorieren führt dich irgendwann direkt
dorthin, wo ich mich befand: kotzend auf der Damentoilette.
Und ich gehe jetzt einfach mal davon aus, dass dies nicht der
Weg ist, den du gerne einschlagen möchtest.

Du hast jetzt also genau zwei Möglichkeiten: Entweder du
begibst dich auf die Suche nach der Ursache für das ständige Wiederkehren deiner Migräne bzw. deines immer wiederkehrenden Symptoms und behebst die Ursache. Oder du
betäubst dein Symptom und schaltest es für einen Moment
lang aus. Doch auch, wenn es dir für den Moment etwas Erleichterung verschafft – die Ursache bleibt bei jeder dieser
»Management-Maßnahmen« bestehen. Der Schmerz deiner Seele, die Gefühle und Gedanken und die Stimme ganz
tief in deinem Herzen, die gehört werden will, werden dadurch nicht leiser. Und so wird die Seele abermals zum Körper schreien: »Geh du vor, auf mich hört er nicht.« Und der
Körper wird lauter antworten als je zuvor.

Hören wir nicht hin und wieder in uns hinein und achten auf das, was wir wirklich brauchen, um glücklich und
gesund zu sein, tun sich Seele und Körper irgendwann zusammen, um dafür zu sorgen, ja dich sogar dazu zu zwingen,
endlich genau hinzuhören, hinzusehen, hinzufühlen, um
dir das zu geben, was du für ein gesundes und glückliches
Leben brauchst.

Dein Inneres sucht immer einen Weg, um sich im Außen
zum Ausdruck zu bringen. Letztendlich manifestieren sich
unsere Gedanken und Gefühle auch jeden Tag in unseren
Handlungen. Zum Beispiel in den neidvollen Worten, die du

zu deiner Arbeitskollegin sagst, wenn sie dir erzählt, dass sie einen tollen Mann kennengelernt hat. Denn du verstehst einfach nicht, warum sie ständig neue Männer kennenlernt, während du schon seit Jahren auf der Suche nach der Liebe deines Lebens bist.

Deine Körpersprache spiegelt deine innere Welt auch auf dem Spaziergang mit deinem Hund wider. Du ärgerst dich, weil er nicht kommt, obwohl du ihn mit wütenden, auf den Boden stampfenden Gesten rufst. Bewusst oder unbewusst nimmst du eine auf deinen Hund bedrohlich wirkende Haltung ein. Es ist deine Mimik, deine Gestik, die dein Inneres zum Ausdruck bringt. Und letztendlich ist es auch dein Geruch, der dem Hund dein Inneres verrät. Vielleicht kennst du die Redewendung »Hunde können Angst riechen«? Das stimmt. Und zwar riechen Hunde nicht nur anhand des Angstschweißes, wenn wir in Panik geraten, sondern können auch andere Emotionen in uns wahrnehmen. Manchmal nehmen sie an uns sogar schon Dinge wahr, die wir selbst vielleicht noch gar nicht erkannt oder uns eingestanden haben.

Unser Körper arbeitet immer für uns. Genauso macht es unsere Seele. Wenn du mit dem Begriff »Seele«, so wie Ulrich Schaffer diese Instanz benennt, nicht so viel anfangen kannst, ersetze es an dieser Stelle gerne durch die Wörter Herz, Gefühle oder deine innere Welt.

Schema F

Was mir irgendwann klar wurde und was du hoffentlich auch erkennst: Du bist hier auf dieser Erde, um zu leben, zu lieben, dich selbst zum Ausdruck zu bringen und Erfahrungen zu sammeln. Du bist nicht auf dieser Erde, um zu funktionieren und so zu sein, wie andere dich gerne hätten. Gleiches gilt auch für unsere Hunde.

Oft wurde Lisa und mir in unseren Pawsitive Life-Workshops die Frage gestellt, wann der Hund denn welches Verhalten »können muss«. »Wann muss mein Hund denn leinenführig sein?« »Wann muss er abrufbar sein?« Ebenso kommen Hundehalter manchmal völlig verzweifelt zu uns, weil ihr Hund sich nicht mit anderen Hunden verträgt, Tieren hinterherjagt oder nicht aufhört zu bellen, wenn es an der Tür klingelt. Ja, so etwas ist für uns Hundehalter unangenehm, umständlich und oft nicht praktikabel für den Alltag. Dazu kommen noch die verurteilenden Blicke anderer Hundehalter, wenn unser Hund mal wieder nicht hört, weil er gerade damit beschäftigt ist, der umwerfend gut riechenden Nachbarshündin hinterherzulaufen. Wenn der Hund doch einfach funktionieren würde. Ja, das wäre schön!

Doch genau das tun unsere Hunde genauso wenig wie wir. Denn jeder Hund ist anders. Es gibt nicht dieses eine Schema F, diese eine Gebrauchsanleitung, nach der alle unsere Hunde funktionieren. Läuft ein Hund nicht so an der Leine, wie wir uns das für einen entspannten Spaziergang wünschen, gibt es kein Patentrezept. Stattdessen brauchst du eine Lösung, die ganz individuell zu dir und zu deinem Hund als Team – als Mensch-Hund-Team – passt. Daher ist es auch so wichtig, dass du das Ziel nicht aus den Augen verlierst, selbst zum Experten für deinen Hund zu werden, und somit zu einer ganzheitlichen und damit nachhaltigen Lösung beiträgst. So viel sei verraten: Diese besteht definitiv nicht aus einem Leinenruck. Im ersten Schritt solltest du die Ursache für das »Fehlverhalten« deines Hundes herausfinden.

Hier einmal am Beispiel »Ziehen an der Leine«. Folgende Ursachen sind denkbar:

◆ Dein Hund hat gelernt, dass das Ziehen an der Leine normal ist.

◆ Ihr geht in einer für den Hund unbekannten Umgebung spazieren, die erst noch freudig und aufgeregt entdeckt werden muss.

◆ Er hat eine geringe Frustrationstoleranz.

◆ Er nutzt das Ziehen als körperliches Ventil, um seine angestaute Anspannung oder Frustration loszuwerden.

◆ Er ist körperlich und/oder mental unterfordert.

◆ Der Halter ist unkonzentriert.

◆ Der Halter hat einen schlechten Tag. Unsichere Hunde können sich davon beeinflussen lassen.

◆ Das Ziehen ist ein ritualisiertes (angewöhntes) Verhalten.

◆ Er lernt durch eine Korrektur, was er nicht tun soll (ziehen), ihm wird aber kein Verhalten angeboten, welches er stattdessen zeigen soll.

◆ Die Umgebung bietet zu viele Ablenkungen und ist damit zu reizstark.

◆ Ihn nervt das Geräusch vom Klackern des Karabinerhakens der Leine an seinem Halsband, dem er entgehen möchte.

◆ Durch veränderte Umstände im näheren Umfeld (z. B. Umzug, Verlust eines Bindungspartners) ist er nervöser als sonst.

Diese Liste könnten wir noch ewig so weiterführen. An diesen Beispielen kannst du aber schon gut erkennen, wie komplex und umfangreich die Ursache für das Auftreten eines Symptoms (in diesem Fall Leineziehen) sein kann. Oftmals gibt es sogar nicht nur eine Ursache, sondern eine Kombination aus mehreren.

Du erinnerst dich vielleicht noch an die vielen qualvollen Trainingseinheiten mit Nala inklusive Einsatz von Leckerlis und blutender Hand? Dieses Training war für uns zu diesem Zeitpunkt noch nicht dienlich, da Nalas Frustrationstoleranz noch nicht ausgeprägt war. Die vielen unterschiedlichen Spazierrunden, die zu viel Abwechslung und damit eine zu reizstarke Umgebung für sie bedeuteten. Wir wohnten damals in der Stadt, und dort gab es viel mehr Hunde und Menschen, Autos, Fahrradfahrer, unbekannte Geräusche, Lichter und andere Ablenkungen als auf dem Land, wo sie zuvor gelebt hatte. Nala war überfordert, ich war überfordert. Außer einem strengen »Fuß«-Signal fanden auch eher wenig verbale Kommunikation und lobende Worte zwischen uns statt. Und meine negative Stimmung und überzogene Erwartungshaltung muss ich gar nicht erst erwähnen.

Es dauerte einige Monate, bis eine Ursache nach der anderen behoben war. Wir spazierten in ruhigerer Umgebung und übten erst mal nur dort. Ich gab der ganzen Sache Zeit, weil ich irgendwann verstand, dass all die Trainingstechniken, die uns bis dahin mitgegeben wurden, für uns einfach noch nicht funktionieren konnten. Ich hatte begonnen, an meiner inneren Haltung zu arbeiten. Und als einige Zeit später der Zeitpunkt gekommen war und wir beide entspannt genug waren – erst dann begann ich mit dem Leinenführigkeitstraining unter Einsatz von Futter, und wir kamen gemeinsam sehr schnell zum Erfolg. Aber das Wichtigste war: Wir hatten dabei Freude! Es war leicht! Und all das passierte ohne Druck.

SEI WIE EIN NEUGIERIGER FORSCHER

Wenn du dich gerade in einer ähnlichen Situation befindest, du schon seit Ewigkeiten mit deinem Hund trainierst und ihr aber einfach nicht vorankommt, dann frage dich bitte Folgendes:

Welches Verhalten soll mein Hund nicht länger zeigen?

Wie soll sein Verhalten stattdessen aussehen?

_____

_____

_____

_____

_____

_____

_____

_____

_____

_____

_____

_____

Was könnten die Ursachen für sein Verhalten sein?
*(zu geringe Auslastung, fehlende Kommunikation, zu hohe
Erwartungshaltung an den Hund, negative Stimmung,
Schmerzen, Umgebung bietet zu viele Ablenkungen etc.)*

_____

_____

_____

_____

Was könnte ich besser machen als bisher?

_____

_____

_____

_____

_____

_____

Was braucht mein Hund? Was fehlt ihm?

_____

_____

_____

_____

_____

_____

_____

Nachdem du diese fünf Fragen beantwortet hast, priorisiere die möglichen Ursachen, und beginne damit, eine nach der anderen anzugehen. Du wirst feststellen, dass sich allein durch das Beheben der Ursache das unerwünschte Verhalten – das Symptom – deines Hundes mit der Zeit vermindern oder sogar in Gänze verschwinden wird. Diese Herangehensweise macht es dir und deinem Hund nicht nur leichter, das unerwünschte Verhalten in den Griff zu bekommen. Noch viel wichtiger ist, dass du dabei die Bindung zwischen dir und deinem Hund stärkst. Dadurch, dass du genau hinsiehst und ihm dort hilfst, wo dein Hund sich vielleicht selbst nicht helfen kann, zeigst du ihm: »Ich sehe dich. Ich verstehe dich. Ich bin für dich da, und ich helfe dir.« Nicht nur das Vertrauen zueinander und das Gefühl von Sicherheit werden dadurch gestärkt. Auch die Seele, das Herz, das Innerste deines Hundes kann dadurch wieder geheilt werden. Dadurch ist er nicht gezwungen – so wie wir es von unseren chronischen Krankheiten kennen –, seinen Körper um Hilfe zu bitten, um sich bemerkbar zu machen. Denn nicht nur unsere Körper schreien bei Stress, Unzufriedenheit, Trauer und anderen unbewältigten emotionalen Themen um Hilfe, auch die Körper unserer Hunde tun dies.

Begib dich immer mal wieder wie ein neugieriger Forscher in die Position des Beobachters, und betrachte das Verhalten deines Hundes erst mal ganz objektiv, ohne es gleich zu bewerten oder deine Emotionen mit ins Spiel zu bringen. Stell dir die Situation vor deinem geistigen Auge vor, und betrachte auch dich selbst in dieser Situation mit etwas Abstand. Was kannst du erkennen? Welchen Einfluss nimmst du auf deinen Hund? Wie reagiert er auf deine Körperhaltung, deine Mimik und Gestik? Wie ist deine Stimmung? Welche Impulse wirken von außen auf deinen Hund ein? All diese Beobachtungen können Hinweise auf die wahre Ursache des Verhaltens deines Hundes sein.

Durch das Beheben der Ursache lösen wir ein Symptom ganzheitlich und damit nachhaltig. Wir stärken unsere Mensch-Hund-Bindung und tragen zudem zu der Gesundheit unseres Hundes bei.

KAPITEL 3
MENSCH-HUND-BINDUNG ALS Grundlage FÜR HUNDETRAINING

2017 beendete ich meine Hundetrainer-Ausbildung. Ich wusste zu Beginn des Jahres noch nicht, dass ich auch Kiki näher kennenlernen und daraus etwas Großartiges entstehen würde. Du kannst dir nicht vorstellen, wie dankbar ich war, diese Ausbildung absolviert zu haben. Endlich durfte ich ein Training kennenlernen, welches mit meinen Werten übereinstimmte. Ein Training ohne scharfe Worte, ohne Leinenruck, Stachelhalsband oder emotionalen Druck. Diese Ausbildung eröffnete mir eine ganz neue Sicht auf Hunde und deren Halter, und es war genau das, wonach ich all die Jahre gesucht hatte. Ich veränderte trainingstechnisch Kleinigkeiten und arbeitete viel an mir als Person. Natürlich lösten sich nicht alle Probleme mit Finn von heute auf morgen auf, es wurde jedoch zusehends besser.

Trotzdem stellte ich irgendwann fest, dass ich nach der Ausbildung noch mehr in Trainingssituationen dachte, anstatt mit dem Herzen zu sprechen. Ich versuchte oft vergeblich, anderen Mensch-Hund-Teams mit meinen Trainingstechniken weiterzuhelfen, und wurde zunehmend frustrierter, weil es häufig nicht so funktionierte, wie ich es mir vorgestellt hatte. Ich wusste, dass ich in meinem Job als Mensch-Hund-Coach gut war, denn ich sah es ja an den positiven Veränderungen mit Finn. Also wusste ich doch eigentlich ganz genau, was andere Mensch-Hund-Teams brauchten, oder?

Ich hatte mich mit meiner Leidenschaft selbstständig gemacht, und doch fühlte es sich zunehmend falsch an. Ich bekam Angst – hatte ich mich doch für den falschen Weg entschieden? Was wäre, wenn ich doch keine Hundetrainerin sein wollte?! Das konnte ich nicht glauben, denn dann hätte ich ja versagt, und all die Mühe und der Mut wären umsonst gewesen. Ich wusste aber auch, dass ich meine Hundeschule so nicht weiterführen wollte.

Während ich so an mir zweifelte, wurde ich auf Spaziergängen immer wieder bewundernd darauf angesprochen, wie ich es denn geschafft hätte, dass Finn sich so stark an mir orientiert und wir so harmonisch miteinander seien. Und mir wurde klar, was mir an meiner Arbeit eigentlich wichtig war: Es geht eben nicht nur um starres Hundetraining, sondern doch vor allem um das Miteinander zwischen Mensch und Hund. Um die tiefe Verbindung zwischen zwei Seelen, die sich dafür entschieden haben, für eine bestimmte Zeit denselben Weg zu beschreiten.

Schon immer hatte ich mich gefragt, wie es geschehen kann, dass wir Hundehalter an diesen verzweifelten Punkt kommen, an dem wir die Verbindung zu unserem Hund verlieren, täglich neue Probleme auftreten und wir irgendwann keine Gemeinsamkeiten mehr erkennen können. Dass wir im Alltag aneinander vorbeileben und selbst die

LISA

gemeinsamen Spaziergänge nur noch ein Nebeneinander-
herlaufen sind. Ich wollte den Menschen meine Geschichte
mit Finn erzählen. Wollte ihnen erzählen, dass auch ich an
diesem Punkt gewesen war. Dass ich sie deshalb verstehen
konnte und ihnen helfen wollte. Nur konnte ich noch nicht
in Worte fassen, wie ich es geschafft hatte. Es war zum Ver-
rücktwerden! Und dann trat Kiki in mein Leben. Mit ihr
konnte ich all das Wissen, das tief in mir schlummerte und
das ich bei Finn schon intuitiv richtig angewandt hatte, endlich nach außen tragen und so auch andere Mensch-Hund-
Teams auf ihrem Weg zu einem entspannten Alltag begleiten.

Wir begriffen, dass Hundetraining mehr ist. Mehr als Signale, Kommandos, der Rückruf, die Leinenführigkeit – mehr,
als nur ein unerwünschtes Verhalten anpassen zu wollen.
Anzupassen, weil uns Dinge an unserem Hund stören. Weil
wir denken, wir fallen damit negativ auf und andere Menschen könnten uns und unseren Hund aufgrund dessen verurteilen. Wir handeln aus unserem Ego heraus. Um nicht negativ aufzufallen, verbieten wir unserem Hund das Bellen,
obwohl es ein ganz natürliches und wichtiges Kommunikationsmittel für ihn ist. Dabei vergessen wir oft den Blick auf
die Dinge, die unser Hund schon im Alltag ganz souverän
zeigt.

—— WEIL HUNDETRAINING SO VIEL MEHR IST ——

Weißt du, was mich an dem Wort »Hundetraining« stört?
Zum einen ist es für mich und auch für viele andere aufgrund von negativen Erfahrungen mit dem Stachelhalsband,

39

dem heftigen Ruck an der Leine oder dem Glaubenssatz
»Der Hund muss sich unterordnen« total negativ konnotiert,
und zum anderen enthält es nur das Wort »Hund«. Es fehlt
der Bezug zu uns Menschen. Wir möchten mit unserem
Hund ein Team bilden, doch wo bleiben wir, wenn wir uns
nur mit dem Hund beschäftigen und nur auf seine »Fehler«
und seine unerwünschten Verhaltensweisen achten? Damit das Training mit deinem Hund Erfolg versprechend und
auch nachhaltig ist, bedarf es mehr als nur konditionierter
Verhaltensweisen. Es bedarf einer stabilen und sicheren
Mensch-Hund-Bindung. Einer VER-Bindung zwischen dir
und deinem Hund, die auf Vertrauen und gegenseitigem
Verständnis basiert. Daher ist es sinnvoll, das Zusammenleben mit deinem Hund nicht nur aus Trainingssicht zu betrachten, sondern dich wirklich intensiv mit der Beziehung
zwischen dir und deinem Hund auseinanderzusetzen.

Du fragst dich jetzt, warum Bindung die Grundlage für dein
Training sein sollte, da Training auch so mit dem Hund funktionieren kann. Vielleicht erkennst du dich in folgendem
Satz wieder: »Mein Hund ist leinenführig, ABER wenn ein
anderer Hund kommt, zieht er.« Oder: »Mein Hund hört auf
den Rückruf, ABER nicht, wenn er eine Katze sieht.« Oder:
»Ich trainiere schon so lange das Alleinebleiben, habe schon
sämtliche Trainingstechniken ausprobiert, ABER wir kommen zu keiner Lösung.« Training funktioniert bis zu einem
gewissen Grad auch ohne Bindung – gar keine Frage. Jedoch
ist es ohne die Grundlage Bindung oftmals einfach nicht
nachhaltig, weshalb du immer wieder zu diesem ABER ...
kommen wirst. Du wirst immer wieder an den Punkt kommen, wo du deinen Trainingsplan überdenkst, ihn anpasst

und dich manchmal gefühlt zu Tode trainierst. Daraufhin bauen wir noch mehr Druck auf, was dazu führt, dass unser Hund im Training so gestresst ist, dass er das Gelernte nicht mehr umsetzen und nur noch Fehler machen kann.

In starken Stresssituationen können Hunde in ihrer Angst so gefangen sein, dass sie nicht mehr auf uns reagieren. Aufgrund der ausgeschütteten Stresshormone ist kein rationales Denken mehr möglich. Der Körper schaltet umgehend in den Fight-or-Flight-Modus um und ist somit in erhöhter Alarmbereitschaft. Dies hat zur Folge, dass das Denkvermögen des Hundes blockiert ist und somit kein Lernen mehr stattfinden kann. Meist denkt man dabei an negativen Stress, wobei Stress durchaus auch positiv sein. Finn beispielsweise ist, bevor er gefüttert wird, sehr mitteilungsbedürftig. Dies äußert sich in Fiepen, Quietschen und Kratzen an meinem Bein. Auch Samu wird gerne laut, wenn er vor dem Spaziergang unserer ganzen Nachbarschaft mitteilt, dass es losgeht. In beiden Situationen erfahren die Hunde Stress. Hierbei handelt es sich allerdings um positiven Stress, der, sofern er nur kurzfristig anhält, nicht zu einer Lernblockade führt, sondern die Leistungsfähigkeit steigern kann.

Es werden bei positivem Stress zwar Stresshormone wie Adrenalin, Noradrenalin und Cortisol, aber auch Endorphine ausgeschüttet, wodurch der Hund eher Glücksgefühle erfährt. Bei dieser Art von Stress flachen die Stresshormone zudem schneller wieder ab, weshalb der Hund ansprechbar bleibt und unmittelbar nach der stressigen Situation wieder entspannt, sofern er die nötige Erholung hat.

Bei negativem Stress zeigt sich ein anderes Bild. Beispielsweise beim Klassiker Silvester: Der erste Knall ertönt, und Finn gerät sofort in Panik. Der komplette Körper ist angespannt, er beginnt zu hecheln und ist im Allgemeinen weniger bis gar nicht mehr ansprechbar. In solchen Situationen setze ich mich neben ihn, nehme selbst eine entspannte Haltung ein, lasse ruhige Musik leise im Hintergrund laufen und arbeite mit diversen Aromaölen, die Finn und mich in einen Zustand von Fülle, Entspannung, Frieden bringen und unser Wohlbefinden steigern.

DIE DREI SÄULEN DER BINDUNG

Wir waren auf der Suche nach den richtigen Worten, um dir und deinem Mensch-Hund-Team unser eigens entwickeltes Bindungskonzept so einfach wie nur möglich näherzubringen.

Unsere Erfahrung mit unseren eigenen Hunden und in unseren Coachings lehrte uns, dass wir immer wieder auf drei wesentliche Bestandteile, welche wir die drei Säulen nennen, zurückkommen. Eine sichere und zuverlässige Mensch-Hund-Bindung baut immer auf diesen drei Säulen auf. Sie bedingen sich gegenseitig und unterstützen dich und deinen Hund dabei, ein harmonisches und glückliches Leben aufzubauen.

1. Säule: Vertrauen und Sicherheit

Sicherheit bedeutet, dass wir als Halter dafür Sorge tragen, unserem Hund Schutz zu bieten, wenn er seine Umwelt erkundet. Außerdem ist es wichtig, dass wir seine Grundbedürfnisse erfüllen und ihm Sicherheit bieten, wenn er diese von uns benötigt. Wenn wir für ihn einstehen und ein verlässlicher Bindungspartner sind, wird sich automatisch Vertrauen aufbauen. Hunde, die Sicherheit und Vertrauen erfahren, erleben ihre Umwelt viel entspannter und zeigen mehr freudiges Erkundungsverhalten, weil sie wissen, dass sie sich auf uns verlassen können.

2. Säule: Strukturen und Rituale

Hunde benötigen gewisse Strukturen und Rituale in ihrem Alltag, da ihnen beides Halt gibt. Gerade Rituale unterstützen Hunde dabei, mehr Sicherheit zu erfahren, da der Ablauf der Handlung immer ein und derselbe und dem Hund somit bekannt ist. Er muss sich nicht ständig an etwas Neues gewöhnen, neue Reize verarbeiten, Energie aufwenden. Rituale lassen deinen Hund entspannter mit dem Alltag zurechtkommen und haben einen positiven Einfluss auf dein Training. Startest du das Training mit einem Entspannungsritual, wirst du feststellen, dass dein Hund dir viel leichter folgen kann, er ansprechbarer ist und das Gelernte schneller umsetzen wird. Rituale bieten deinem Hund aufgrund der immer wiederkehrenden Abläufe Sicherheit, weshalb er sich gerne sowohl im Training als auch im Alltag an dir orientieren wird.

3. Säule: Kommunikation und Zuneigung

Auf Augenhöhe zu kommunizieren, sich manchmal blind zu verstehen und sich gegenseitig Zuneigung zu schenken trägt auch zu einer gefestigten und glücklichen Bindung bei. Warum? Weil Zuneigung und Nähe suchen bedeutet, sich freiwillig und aus freien Stücken seinem Bindungspartner zu nähern bzw. die Distanz zum Bindungspartner zu verringern und sich gern in dessen unmittelbarer Umgebung aufzuhalten. Außerdem wird bei Zuneigung das Bindungshormon Oxytocin ausgeschüttet, was die Bindung enger werden lässt und zudem den Organismus des Hundes entspannt. In diesem Buch ist jeder Säule noch ein eigenes umfangreiches Kapitel gewidmet, damit du selbst in die Umsetzung kommst und dir eine glückliche Mensch-Hund-Bindung erschaffst.

Doch warum sind diese drei Säulen die Grundlage für das Hundetraining? Warum kann Hundetraining nicht einfach so funktionieren? Stell dir vor, das Training mit deinem Hund stellt ein Haus dar. Doch wenn du dafür kein Fundament gegossen hast, auf welchem die Wände aufgebaut werden können, dann ist das Haus von Beginn an so instabil, dass es irgendwann in sich zusammenbricht. Du trainierst und trainierst und trainierst, jedoch führt einfach keine Trainingstechnik zum Erfolg. Oder aber, der Erfolg stellt sich nur kurzfristig ein. Auch hier fängt dein Haus irgendwann an zu bröckeln.

Setzen wir uns also intensiv mit der Bindung zwischen uns und unserem Hund auseinander, dann ist das die Grundlage für die Lösung aller weiteren Probleme im Alltag und im Training mit unserem Hund.

Damit du verstehst, was wir dir mit auf den Weg geben wollen, möchte ich dir das einmal kurz am Beispiel mit Leni und der Leinenführigkeit erklären:

Als Kiki letztes Jahr ihre Hündin Leni aus dem Tierschutz mit nach Hause nahm, war sie voller Angst, Unsicherheit, erschrak vor jedem Geräusch auf der Straße und zog stark an der Leine, wenn sie gemeinsam spazieren gingen. Kiki wusste, dass es keinen Erfolg haben würde, das Leinenführigkeits-Training zu diesem Zeitpunkt zu beginnen, da Leni vor Angst weder ansprechbar noch konzentriert genug dafür war. Also hat sie sich drei Monate lang darauf konzentriert, Leni Sicherheit zu vermitteln, mit ihr klar zu kommunizieren und ihr mit Strukturen und Ritualen einen festen Rahmen zu schaffen, an dem sie sich orientieren konnte. Nach und nach wurde sie ruhiger und entspannter, doch das Problem der Leinenführung bestand weiterhin. Nach drei Monaten war der Moment gekommen, an dem Kiki anfangen konnte, mit Leni die Leinenführigkeit zu trainieren. Rate mal, wie lange es gedauert hat, bis Leni locker neben Kiki herlaufen konnte? Nach zwei Tagen hatte sie die Übung verstanden, und nach zwei Wochen konnte sie es zuverlässig in gewohnter Umgebung zeigen. Was war geschehen?

Während sich andere Mensch-Hund-Teams jahrelang mit den kompliziertesten und anstrengendsten Trainingsplänen abmühen, hat Kiki sich und ihrer Hündin Zeit gegeben, als Mensch-Hund-Team zusammenzuwachsen und an ihrer Bindung zu arbeiten. Als der richtige Zeitpunkt für das Training gekommen war, war das Problem der Leinenführung schnell gelöst.

——— WACHSE ALS MENSCH-HUND-TEAM ———
ZUSAMMEN

Wie du siehst, profitiert dein Mensch-Hund-Team gerade von schwierigen Situationen, in denen ihr zusammenwachsen dürft. Wachstum passiert dann, wenn es anstrengend wird, du verzweifelst oder kurz davor bist aufzugeben. Das Gute ist, wir müssen nicht immer wieder an den Punkt der Verzweiflung kommen. Wir dürfen es uns einfach machen. Damit du dein gewünschtes Ziel im Hundetraining mit deinem Hund auch erreichen kannst, benötigen wir von Beginn an eine gefestigte Bindung.

Diese entsteht, indem du dir und deinem Hund die nötige Zeit gibst, eine gesunde Verbindung aufzubauen. Dies schaffst du, wenn du deinem Hund in unsicheren Situationen Sicherheit vermittelst, ihm zeigst, dass du für ihn da bist, wenn er deine Hilfe benötigt, und für ihn einstehst, wenn er sich selbst nicht helfen kann. Achte aber auch darauf, ihn hin und wieder eigene Entscheidungen treffen zu lassen, damit er nicht in eine Art erlernter Hilflosigkeit gerät. Eine gesunde Balance zwischen Eigenständigkeit und Sicherheit zu vermitteln ist hier auf jeden Fall entscheidend. Erst wenn das Vertrauen zwischen dir und deinem Hund aufgebaut ist, er sich bei dir sicher fühlt, kannst du entspannt trainieren. Wenn wir die Bindung jedoch außen vor lassen, kann es passieren, dass wir noch so viel üben und trainieren können, um unsere Ziele mit unserem Hund zu erreichen, sie aber nie wirklich erreichen können, da die Basis der Bindung nie gesetzt und gefestigt wurde. Wenn du aber anfängst, dich mit der Bindung zu deinem Hund zu beschäftigen, kannst du dir wirklich das Leben mit ihm erschaffen, von dem du schon immer geträumt hast. Fängst du an, daran zu arbeiten, dann wirst du deinen Fokus auf Vertrauen und klare Kommunikation legen. Du wirst erkennen, dass dein Hund dadurch viel leichter und vor allem lieber lernen kann, da euer Training ab sofort ohne Druck stattfindet. Du erkennst, dass er Hund sein darf, mit all seinen Ecken und Kanten. Du erkennst, dass er nicht perfekt sein muss, dass er keine Maschine ist, sondern ein Lebewesen mit eigenem Charakter und eigenen individuellen Verhaltensweisen. Und genau dann, wenn du anfängst loszulassen, wenn du anfängst, dich für eine neue und andere Art des Trainings, des persönlichen Wachstums zu öffnen, dann wirst du erkennen, wie leicht dir die Leinenführigkeit und der Rückruf und all die anderen Dinge, die du mit deinem Hund trainieren möchtest, fallen werden.

Also lass uns Erinnerungen schaffen, die dir dein Leben lang bleiben.

*»Eine gefestigte Bindung ist
der Schlüssel zu allen Möglichkeiten im
Zusammenleben mit deinem Hund.«*

KAPITEL 4

KLARHEIT *und* ZIELSETZUNG

Im letzten Jahr habe ich einer Gruppe Hundehalterinnen in einer mehrteiligen Webinar-Reihe zum Thema »Entspanntes Alleinebleiben« beigebracht, wie ihre innere Haltung maßgeblichen Einfluss auf den Erfolg im Training haben kann und welche Möglichkeiten ihnen in dieser Hinsicht zur Verfügung stehen. Es ging darum, die Halterin in den Fokus zu rücken und herauszufinden, mit welcher Trainingsvariante sie sich am wohlsten fühlt und welche somit die effizienteste Herangehensweise für das individuelle Mensch-Hund-Team ist.

Ein wichtiger Bestandteil des »Entspannt allein«-Trainings ist das Beziehungsverhältnis zwischen dem Hund und seinem Halter. Haben die beiden eine vertraute, sichere und stabile Bindung zueinander, gestaltet sich das Alleinebleiben viel einfacher, als wenn kein Vertrauensverhältnis zueinander besteht. Ebenfalls problematisch ist eine zu enge Bindung zwischen Hund und Halter, die sich womöglich bereits zu einer Abhängigkeit entwickelt hat. Ziel unserer Übung in diesem Webinar war es, den Hund und seine Bezugsperson als Team wieder in ein solch sicheres und stabiles Gleichgewicht zueinander zu bringen.

Hast du das Gefühl, die Bindung zu deinem Hund ist zu eng?

Stell dir dazu folgende Fragen:

- ◆ Folgt dir dein Hund in der Wohnung auf Schritt und Tritt und verhält sich wie dein Schatten?
- ◆ Ist es für ihn unangenehm, wenn du den Raum verlässt, ohne dass er dir hinterherlaufen kann?
- ◆ Fordert dein Hund bei jeder Gelegenheit Aufmerksamkeit ein?
- ◆ Oder lässt er dich kaum noch zur Ruhe kommen oder schafft es selbst kaum, sich herunterzufahren?

All das können Indizien dafür sein, dass sich dein Hund in einem zu starken Abhängigkeitsverhältnis zu dir befindet. Solche Hunde haben oftmals auch eine geringe Frustrationstoleranz und Schwierigkeiten, leichte Konflikte selbstständig zu lösen. Sie sind es gewohnt, zu jeder Zeit Erleichterung durch den Halter zu erfahren.

Die Übung »Aktives Ignorieren« unterstützt dich, die Bindung zwischen dir und deinem Hund wieder zu lockern. Der Hund wird dabei für die kurze Zeit von wenigen Sekunden bis Minuten einer Form dieses Frustes ausgesetzt, indem er von seinem Halter ignoriert wird. In diesem Zeitraum wird er weder angefasst noch angesprochen, noch angesehen (auch nicht aus dem Augenwinkel heraus – das durchschauen unsere Hunde sofort!). Der Hund ist in dieser kurzen Zeitspanne auf sich allein gestellt und darf selbstständig nach einer Möglichkeit zur

Frustbewältigung suchen. Im besten Fall – und das ist das Ziel dieser Übung – erkennt er, dass es sich während dieser Übung überhaupt nicht lohnt, bei seinem Halter nach Aufmerksamkeit zu betteln, und legt sich in Ruhe auf (s)einen Platz und entspannt. Diese Übung wird am besten durch einen optischen Gegenstand, wie zum Beispiel das sichtbare Aufhängen einer dem Hund sonst unbekannten Socke oder eines Schals, angekündigt sowie durch das Abhängen beendet. So lernt dein Hund nach und nach, dass er selbstständig zur Ruhe kommt, wenn die Socke an der Türklinke hängt. Die Zeiten können je nach Frustempfinden des Hundes nach und nach vorsichtig gesteigert werden.

Das Schöne an dieser Übung ist, dass sie nicht nur die Frustrationstoleranz des Hundes, sondern auch unsere eigene schult. Das Schwierige an dieser Übung ist jedoch, dass sie nicht nur die Frustrationstoleranz unseres Hundes, sondern auch unsere eigene schult. An dieser Stelle würde ich dir gerne zuzwinkern, denn sie zeigt ganz gut, was wir unseren Hunden mit einer Selbstverständlichkeit abverlangen, ohne dass wir diese Übung oft nicht mal ansatzweise selbst ausführen können. Ich würde lügen, wenn ich sagte, dass mir die Übung mit meinen Hunden leichtgefallen ist. Sie hat mir damals tatsächlich deutlich vor Augen geführt, dass meine Hündin nicht nur mehr Frust aushalten konnte als ich, sondern auch sehr viel mehr Durchhaltevermögen hatte. Ähnlich ging es auch meinen Webinar-Teilnehmerinnen.

Wir müssen lernen, uns einzugestehen, dass auch wir Fehler machen und auch wir mit unseren Handlungen, unserer inneren Haltung, unserem Mindset Einfluss nehmen können und sogar müssen. Zu diesem Zeitpunkt stellt sich dann auch die Frage: Wie können wir unserem Hund etwas abverlangen, wenn wir selbst es kaum aushalten, unseren Hund für fünf Minuten mal nicht anzufassen, anzusprechen oder anzusehen? An dieser Stelle schmunzeln die Hundehalter dann gerne, und das kann ich auch dir nur von Herzen empfehlen: Nimm so eine Erkenntnis mit Humor!

Schon nach einigen Tagen berichteten einige Teilnehmerinnen von ersten Erfolgen mit der Übung »Aktives Ignorieren«. Es waren Hunde dabei, die ihren Haltern in der Wohnung nun weniger hinterherliefen, einige hatten sich recht schnell daran gewöhnt, sich in ihr Körbchen zurückzuziehen, wenn die Socke an der Türklinke hing, und einige Hunde stellten sogar ihr Aufmerksamkeit forderndes Bellen ein. Wow! Die Gruppe motivierte sich gegenseitig und erzielte einen Erfolg nach dem anderen. Nach einigen Wochen Training waren ein paar Teilnehmerinnen jedoch nicht zum gewünschten Ergebnis gekommen, beschrieben sogar, dass das Verhalten der Hunde sogar noch schlimmer wurde! Was war passiert?

Wir besprachen die Situation gemeinsam und kamen zu folgender Erkenntnis: Einige Halter führten die Übung nicht konsequent durch, indem sie ihren Hunden nachgaben und ihnen die gewünschte Aufmerksamkeit schenkten. Andere Halter gaben wiederum zu, dass sie sich mit der Übung unwohl fühlten und sie daher nur halbherzig oder

gar nicht durchführten. Nach der modernen Lerntheorie
verhält es sich bei inkonsequentem Verhalten so, dass eine
Erstverschlimmerung des Hundeverhaltens auftritt, da er
mit seinem Verhalten (Anspringen, Betteln etc.) mal zum Erfolg kommt und mal nicht. Das macht die Situation für den
Hund richtig spannend! Dadurch wird sein Verhalten jedoch
eher intensiviert, statt dass es sich verringert. Das trifft im
Übrigen nicht nur auf die Übung »Aktives Ignorieren«, sondern auf jedes Hundetraining zu.

Warum aber waren die Halter nicht konsequent? Warum hatten sie sich mit der Übung nicht wohlgefühlt? Hier
kommt unsere Abhängigkeit unserem Hund gegenüber
ins Spiel. Eine Teilnehmerin teilte uns ihre Gedanken mit:
»Wenn ich meinen Hund ignoriere und ihm keine Aufmerksamkeit zukommen lasse, dann liebt er mich irgendwann
nicht mehr. Eigentlich finde ich das sogar ganz süß, dass er
mir auf Schritt und Tritt durch die Wohnung folgt!«

Die Halterin bezog also einen großen Teil ihres emotionalen Wohlbefindens von ihrem Hund und war so stark von
diesem Gefühl abhängig, dass sie es einfach nicht reduzie-
ren konnte und wollte. Und weißt du was? Das ist vollkommen okay! Für mich als Coach ist das okay. Für dich, wenn
du das hier liest, ist das vermutlich okay. Für ihren Hund ist
das vollkommen okay. Aber es gibt eine Person, für die das
lange nicht okay war, und das war die Halterin selbst. Es
stellte sich im Nachhinein heraus, dass ihre Eltern hin und
wieder kritische Bemerkungen über die fehlende Erziehung
des Hundes gemacht hatten und es darauf bezogen, dass er
nicht alleine bleiben konnte. Das bestürzte die Halterin so
sehr, dass sie dieses Thema daraufhin anging. Was ihr zu einer erfolgreichen Durchführung jedoch fehlte, war Klarheit

über ihre eigene Intention und die Selbstannahme, dass für sie und ihren Hund eigentlich alles gut ist, so wie es ist. Die Halterin hatte einfach keine ausreichende Motivation, ihr Ziel zu erreichen, da das Ziel für sie persönlich keinen Wert hatte. Denn es war nicht ihr eigenes Ziel, sondern das ihrer Eltern.

DIE GEDANKEN AUFRÄUMEN

Dieses Beispiel ist eines von vielen, welche uns deutlich vor Augen führen, dass sich unsere Hunde während einer Übungseinheit noch so sehr anstrengen können, das Training aber nicht zum Erfolg führen kann, wenn das Ziel und die Motivation seines Menschen nicht stimmen oder er von negativen Glaubenssätzen blockiert wird. In dem Moment, in dem wir die Meinung anderer über unsere eigene stellen, geben wir die Verantwortung ab und treffen unsere Entscheidungen nicht mehr selbstbestimmt.

Je klarer du dir darüber bist, was du dir wirklich in deinem Leben wünschst, desto leichter wirst du dieses Vorhaben fokussiert angehen, Dinge in dein Leben ziehen und auch eine klare und deutliche Kommunikation mit deinem Hund haben. Das führt dazu, dass wir unsere Ziele schneller, erfolgreicher und zudem auch mit mehr Freude und Leichtigkeit erreichen!

»Wenn ich mir über meine tiefsten Wünsche im Klaren bin und mich mit meinem Herzen verbinde, erkenne ich, mit welcher Leichtigkeit ich mir das Leben mit meinem Hund erschaffen kann.«

Als ich vor einigen Jahren mit meiner Hündin Nala einen neuen Trick einüben wollte, setzte ich mich mit ihr auf unseren Wohnzimmerboden. Auf das Wort »aufräumen« hin sollte sie all ihr Spielzeug einsammeln, apportieren und in einen extra dafür vorgesehenen Korb werfen. Ich war richtig begeistert von der Idee. Mehr Gedanken machte ich mir dazu allerdings nicht. Und so begann ich das Training ohne Ziel, ohne Zwischenschritte und ohne eine klare Vorstellung davon, wie ich Nala (der als Labradorhündin das Apportieren im wahrsten Sinne im Blut liegt) diesen Trick beibringen konnte. Ich warf das Spielzeug, sie brachte es zu mir zurück. Dass sie das Spielzeug in den Korb werfen und nicht zu mir bringen sollte, das hat sie nie verstanden. Nicht, weil sie nicht intelligent genug dazu gewesen wäre, sondern schlicht und einfach, weil ich keine genaue Vorstellung davon hatte, was ich von ihr erwartete und wie die einzelnen Schritte aussahen, die uns dorthin brachten. Nach einigen Versuchen brach ich das Training frustriert ab. Auch Nala hatte verständlicherweise keinen Gefallen mehr an der Übung.

Diesen Fehler wollte ich kein zweites Mal machen. Vor einigen Wochen beschloss ich, den gleichen Trick mit Leni einzuüben. Dieses Mal jedoch setzte ich mich vorher hin und schrieb mir das Ziel der Übung auf. Ich notierte alle Zwischenschritte: Wir üben erst das Apportieren mit einem Spielzeug ohne Korb. Dann kommt der Korb hinzu. Dann bestärke ich ihr Verhalten mit einer tollen Belohnung, wenn sie das Spielzeug nur in die Nähe des Korbes trägt und später, wenn sie das Spielzeug in den Korb wirft. Erst dann wiederholen wir die gleiche Übung mit einem anderen Spielzeug. Dann mit beiden gleichzeitig. Und dann erst wird das Wortsignal »aufräumen« eingeführt.

Mein Ziel war klar. Die Teilschritte waren gegeben. Die Vorstellung davon, dass ich immer und zu jedem Zeitpunkt wusste, was der aktuelle Schritt war und welches Verhalten ich bestärken und welches ich ignorieren sollte, hat mich motiviert und klar in der Kommunikation mit Leni werden lassen. Nach nur drei Übungseinheiten konnte sie ihr erstes Kuscheltier in den Korb apportieren. Und das Wichtigste: Es entstand zu keinem Zeitpunkt Frust im Training, sondern wir hatten beide große Freude daran!

BESTANDSAUFNAHME

Und jetzt bist du dran! Nimm dir ein paar Minuten Zeit für dich. Ziehe dich an einen Ort zurück, an dem du ungestört bist und zur Ruhe finden kannst. Und dann schließe deine Augen. Atme tief durch die Nase in deinen Bauch ein. Und vollständig durch den Mund wieder aus. Und dann lass hier jetzt alle Gedanken zu, die zu dir fließen, und bewerte sie nicht. Welcher Gedanke kommt dir bei einer Frage zuerst? Der erste Gedanke liefert dir meist den richtigen Impuls zur Beantwortung der nachfolgenden Fragen.

Der wichtigste Schritt, um seinen eigenen, authentischen Weg zu finden und zu gehen, ist, sich klar darüber zu werden, wer du im Leben mit deinem Hund sein möchtest.

Beschreibe dein Leben mit deinem Hund, so wie
es jetzt ist. Was läuft bereits super? Worauf bist du
richtig stolz? Was bereitet dir im Zusammenleben mit
deinem Hund am meisten Freude?

Was läuft im Zusammenleben mit deinem Hund
derzeit (noch) nicht so, wie du es dir wünschst?
Welche Situationen bereiten dir Sorgen?

Welches Anliegen hat derzeit im Zusammenleben mit
deinem Hund die größte Priorität für dich? Was stört
dich am meisten? Was beeinflusst deinen Alltag vielleicht sogar negativ?

An welchen Themen mit deinem Hund arbeitest du
derzeit? Entsprechen sie deinen Prioritäten?

Egal, wie lange dein Hund schon bei dir lebt, jeden Tag geschehen viele Kleinigkeiten, die bereits so verlaufen, wie wir uns das wünschen. Doch wir nehmen sie häufig nicht bewusst wahr, da wir uns im Laufe der Zeit an sie gewöhnt haben. Vielleicht hat dein Hund dich heute zum Lachen gebracht? Oder dir seine Aufmerksamkeit auf dem Spaziergang geschenkt? Vielleicht ist er auch ruhig und friedlich in seinem Hundebettchen liegen geblieben, als der Postbote an der Tür klingelte.

Durch die Bestandsaufnahme verschaffst du dir nicht nur ein Bewusstsein darüber, welche Dinge du im Alltag mit deinem Hund wirklich verändern möchtest. Du richtest deinen Fokus auch auf die Dinge, die bereits super laufen, die dir und deinem Hund Freude bereiten und dir vor Augen führen, wie wundervoll euer Leben in so vielen Momenten bereits jetzt schon ist. Du wirst auch feststellen, dass es gewisse Dinge gibt, die andere Hundehalter im Zusammenleben mit ihren Hunden vielleicht stören, für dich und dein Mensch-Hund-Team aber völlig in Ordnung sind.

Die Bestandsaufnahme dient dazu, den momentanen Ist-Zustand festzuhalten, ohne ihn positiv oder negativ zu bewerten. Wirf einen ehrlichen Blick darauf, wo du und dein Hund gerade stehen. Und richte deinen Fokus dann dorthin aus, wo du mit deinem Hund gerne hinmöchtest. Egal, wohin das auch sein mag. Du darfst und sollst, ja bist sogar in der Verantwortung, den individuellen Weg für dich und deinen Hund zu finden und zu gehen, der für euch der richtige ist und der euch glücklich macht.

Auf diese Weise verändern wir unseren Blickwinkel, und unsere Energie fließt dahin, wohin wir unseren Fokus richten. Achten wir verstärkt auf das, womit wir zufrieden oder wofür wir dankbar sind, wird auch mehr Aufmerksamkeit in diese Bereiche unseres Lebens gelenkt.

Aber ändert das automatisch auch das vermeintliche Problem, welches wir mit unserem Hund haben? Nein, vermutlich nicht. Aber wir fühlen uns glücklicher und entspannter – selbst wenn sich an der Situation an sich erst einmal nichts verändert hat. Und das ist die Voraussetzung für jede nachhaltige Veränderung.

POSITIVE ZIELFORMULIERUNGEN

Häufig schreiben wir bei Zielformulierungen genau die Dinge auf, die wir uns NICHT für unser Mensch-Hund-Team wünschen. Zu wissen, was man NICHT möchte, ist schon mal ein guter, erster Schritt. Was uns unserem Ziel jedoch erst näher bringt, ist die Definition dessen, was wir uns STATTDESSEN wünschen. Richte deinen Fokus auf das Positive. Hier ein Beispiel aus dem Hundetraining zur Leinenführung: Maik ist mit seinem Rüden Chip auf dem Spaziergang an Münsters wunderschönem Aasee unterwegs. Heute treiben sich besonders viele Hündinnen auf den Wiesen und Sandwegen am Wasser herum. Der sonst so aufmerksame Chip wirkt deutlich unkonzentrierter als gewöhnlich. Maiks erste Versuche, seinen Hund mit einem »Nein« zurück in die Leinenführung zu korrigieren, gehen nicht auf. Chip beginnt, stärker an der Leine zu ziehen. Auch ein für Chip unangenehmer Leinenruck führt nicht zum gewünschten Erfolg. Was passiert hier? Maik versucht seinem Hund auf verschiedenen Wegen deutlich zu machen, dass er sein Verhalten nicht toleriert. Er arbeitet mit einer, wie man in der modernen Lerntheorie sagt, positiven Bestrafung. Das bedeutet nicht, dass diese Bestrafung als positiv zu bewerten ist. Diese Formulierung zielt lediglich darauf ab, dass dem Hund ein unangenehmer Reiz (in diesem Beispiel ein Leinenruck) hinzugefügt wird. Da dieser sogenannte Leinenruck leider immer noch häufig im Alltag und auf dem Hundeplatz zu sehen ist, greifen wir dieses Beispiel hier auf. Wir grenzen uns jedoch deutlich von solchen Handlungen ab, da das Zufügen von Schmerzen sowohl tierschutzrelevant ist als auch absolut kontraproduktiv für ein Vertrauensverhältnis und damit für eine sichere, stabile und glückliche Bindung zwischen Hund und Halter. Wir wollen aufzeigen, welche schonenden, liebevolleren und viel wirkungsvolleren Möglichkeiten es gibt, um auf unsere Hunde einzuwirken.

Aufgrund der Schmerzen, die sich aus dem Leinenruck für Chip ergeben, zieht dieser zwar für einen kurzen Moment nicht mehr an der Leine. Wie er sich stattdessen verhalten soll, hat er damit jedoch noch nicht verstanden. Fragte man Maik nach seiner Zielformulierung zur Leinenführigkeit, sähe diese folgendermaßen aus: »Chip soll NICHT an der Leine ziehen.« Welches Verhalten er stattdessen von seinem Hund erwartet, ist damit nicht nur ihm unklar. Auch sein Hund weiß nicht, wie er sich stattdessen verhalten soll, da er keine alternative Aufgabe angeboten bekommt, an der er sich orientieren kann, um es seinem Menschen recht zu machen.

Wie könnte sich Maik seinem Hund gegenüber höflicher und erfolgversprechender verhalten? Er könnte seinen Hund mit einem freundlichen, aber bestimmten Tonfall in einer für den Hund ablenkungsfreien oder ablenkungsarmen Situation auf sich aufmerksam machen und eine spannende Interaktion mit seinem Hund einfordern. Dies kann das Ausführen eines Tricks sein, ein Leckerli, das Apportieren eines Balls oder Dummys oder ein plötzlicher Wegwechsel in eine ganz neue Richtung. Womöglich ist Chip sogar dankbar dafür, dass er sich aus der reizstarken Umgebung entfernen kann, da die Gerüche der Hündinnen gerade einfach zu viel für ihn sind und ihn stressen.

Maik hat also die Möglichkeit, den Spaziergang positiv, mit Freude und sogar bindungsstärkend zu gestalten, auch wenn die Situation für seinen Hund mal schwierig wird. Und sind wir nicht auch genau dafür da? Um unseren Hunden auch Sicherheit zu vermitteln und den Rücken zu stärken, auch wenn eine Situation für sie mal schwierig wird? Focus on the good and expect the best.

Definiere im Folgenden alles, was du NICHT im Zusammenleben mit deinem Hund möchtest. Ja, hier
darfst du tatsächlich noch mal alles Negative herunter-
schreiben! Schreibe hier auch all deine Gedanken
nieder, die dich manchmal zur Verzweiflung bringen.
Das können Aspekte im Training oder allgemein
Situationen im Zusammenleben mit deinem Hund sein.

Beispiele:
Ich möchte nicht, dass mein Hund an der Leine zieht.
Ich möchte nicht, dass mein Hund in meiner Abwesenheit
Dinge zerstört.
Ich möchte nicht, dass mein Hund mich nicht ernst nimmt.

Da du nun genau weißt, was dich im Zusammenleben mit deinem Hund stört und was du nicht möchtest, ist es nun an der Zeit herauszufinden, was du dir stattdessen wünschst. Wie soll das Leben mit deinem Hund stattdessen aussehen?

Beispiele:
Ich wünsche mir, dass mein Hund entspannt an lockerer Leine läuft.
Ich möchte, dass mein Hund entspannt allein zu Hause bleibt.
Ich wünsche mir eine vertrauensvolle Bindung zu meinem Hund.

Was ist dein Ziel? Was möchtest du gerne mit
deinem Hund erreichen? Was ist dir wirklich wichtig?
Denke bitte an eine positive Zielformulierung.

Woran arbeiten du und dein Hund derzeit, weil
»man das ja so macht«? Fließen deine Energie und
Aufmerksamkeit zurecht in dieses Thema, oder
sollte ein anderes Thema derzeit einen höheren
Stellenwert haben?

DIE GESCHICHTE VOM
VERLORENEN SCHLÜSSEL

Hast du deine Prioritäten festgelegt und dein Ziel definiert, ist der wichtigste Grundstein zu einer klaren Kommunikation mit deinem Hund und damit für ein erfolgreiches Training gelegt. Auch der Druck, den wir Hundehalter hin und wieder im Training erleben, ist nun nicht mehr so groß, da wir

◆ uns nicht mehr mit anderen Hundehaltern und deren Leistungen vergleichen, da wir unsere Ziele und das, was uns wirklich wichtig ist, ja bereits festgelegt haben. Warum also auf etwas hintrainieren, was für uns nicht relevant ist?

◆ uns viel sicherer fühlen und dadurch auch selbstsicherer auftreten. Denn eine klare Vorstellung gibt uns Sicherheit und einen festen Fahrplan, an den wir uns halten. Dadurch fühlt sich auch dein Hund abgeholt und sicher.

◆ nun mehr Freude am Training haben. Durch eine klare Zielvorstellung und Kommunikation machen wir schneller Fortschritte. Erfolge machen einfach Spaß! Und Freude an gemeinsamen Aktivitäten stärkt die Bindung.

◆ unsere Energie endlich dahin fließen lassen, wo sie wirklich benötigt wird! Und nicht dahin, wo andere sie gerne hätten.

Der Kommunikationsforscher und Psychotherapeut Paul Watzlawick erzählt in seiner »Anleitung zum Unglücklichsein« eine Geschichte, in der ein Betrunkener unter einer Straßenlaterne steht und nach seinem Schlüssel sucht. Ein

Polizist kommt vorbei und hilft ihm beim Suchen. Irgendwann fragt er den Betrunkenen, ob der sich wirklich sicher sei, den Schlüssel gerade hier verloren zu haben, und jener antwortet: »Nein, nicht hier, sondern dort hinten — aber dort ist es viel zu finster.«

Die Moral von der Geschichte: Spar dir deine Energie für die wirklich wichtigen Dinge in deinem Leben und im Zusammenleben mit deinem Hund auf. Vergeude eure wertvolle gemeinsame Lebenszeit nicht damit, den Schlüssel an einer Stelle zu suchen, wo du ihn nicht verloren hast, nur weil es dort gerade heller und leichter ist. Lass dich nicht ablenken, sondern investiere die Arbeit, die Kraft, den Aufwand in das, was euch glücklich macht und euer Leben bereichert. Sei ehrlich zu dir selbst. Mach dich frei vom Druck im Außen. Höre in dich hinein: Was brauchen du und dein Hund gerade wirklich zum Glücklichsein?

WIE ERREICHE ICH MEINE ZIELE?

Wir haben also festgestellt, dass uns Ziele Klarheit und Licht bringen, wenn wir nicht mehr länger im Dunkeln tappen wollen. Allein aufgrund dieser bewussten Schritt-für-Schritt-Definition erreichst du deine Ziele automatisch schneller und nachhaltiger.

Neben der konkreten Definition deines Ziels und der schrittweisen Herangehensweise möchten wir einige weitere Tools mit dir teilen, die dich und deinen Hund auf eurem Weg unterstützen. Du hast auf verschiedenen Ebenen die Möglichkeit, Einfluss auf den Verlauf der Entwicklung zu nehmen.

Mentale Ebene

Auf mentaler Ebene helfen dir selbstreflektierende Fragen
dabei, Klarheit zu erlangen und vor allem auch klar zu bleiben. Gedanken, die wir immer und immer wieder denken,
sind Glaubenssätze, die jeder von uns im Laufe seines Lebens durch bestimmte Erfahrungen gesammelt hat. Glaubenssätze können sowohl positiv als auch negativ sein. Diese
Gedanken prägen sich in unser Gehirn ein, so wie eine Art
Trampelpfad, der immer breiter wird, je öfter wir sie denken.
Diesen Vorgang nennt die Wissenschaft Neuroplastizität.
Die Fähigkeit des Gehirns, sich selbst zu ändern.

Hänge dir aufbauende Gedanken als Affirmation an den
Badezimmerspiegel, oder schreibe sie regelmäßig in dein
Tagebuch. Insbesondere das handschriftliche Schreiben eines neuen positiven Gedankens führt dazu, dass er sich fester in deinem Unterbewusstsein verankert.

Emotionale Ebene

Fest an unsere Gedanken und Glaubenssätze sind unsere
Gefühle geknüpft. Hier befinden wir uns auf der emotionalen Ebene. Bist du beispielsweise der festen Überzeugung,
dass andere Hundehalter auf dem Spaziergang über dich
urteilen, dich vielleicht sogar als schlechte Hundehalterin
bezeichnen, wenn du deinen Hund abrufst und er nicht hören will, dann befindest du dich in einem Gefühl von Scham
oder Wut. Der Psychiater David R. Hawkins entwickelte
1995 aus seinen eigenen spirituellen Erfahrungen und seinen kinesiologischen Tests die »Skala des Bewusstseins«,
auf der er verschiedenen Gefühlen bestimmte Werte zuordnete. Scham und Wut repräsentieren auf dieser Skala einen
sehr niedrigen Wert, während sich Emotionen wie Liebe

oder Freude weit oben befinden. Ist unsere Energiefrequenz niedrig, fühlen wir uns getrennt und in einer Art Mangelbewusstsein. Ist sie hingegen hoch, fühlen wir uns wohl, mit unserem Umfeld verbunden und befinden uns in einem Bewusstsein von Fülle.[2] Auf dieser Bewusstseinsebene ist es sehr viel leichter, sein Vorhaben in die Tat umzusetzen.

Nutze die Kraft der Visualisierung, indem du dir vorstellst, wie positiv der Spaziergang mit deinem Hund verlaufen wird. Du kannst vor dem Spaziergang auch eine kurze Meditation machen, um dich zu beruhigen. Auch der Einsatz von ätherischen Ölen kann hier sehr hilfreich sein. Am besten eignen sich Zitrusöle, da sie stimmungsaufhellend wirken.

Spirituelle Ebene

Auch auf spiritueller Ebene kannst du Einfluss auf den Erfolg deiner Ziele nehmen. Hast du schon mal von dem »Gesetz der Anziehung« gehört? Es besagt, dass Gleiches immer Gleiches anzieht. Wir empfangen immer auf der Energiefrequenz, auf der wir senden. Das bedeutet, dass es nicht nur sinnvoll ist, deine Gedanken in eine positive Richtung zu lenken. Insbesondere deine inneren Überzeugungen haben eine starke Anziehungskraft. Die Quantenphysik liefert hierzu beeindruckende Erkenntnisse aus dem sogenannten Doppelspalt-Experiment, welches beweist, dass Energie dem Bewusstsein folgt.[3] Somit haben unsere Gedanken und Überzeugungen, also unsere innere Welt, Einfluss auf unsere äußere Welt.

Vor einiger Zeit rief mich meine Kundin Eva an, die ursprünglich wegen eines Trainings zum sicheren Rückruf mit mir arbeitete. Dieses Mal jedoch zielte ihre Frage auf das Thema Leinenführigkeit ab. Eva erzählte mir, dass sie das Ziehen an der Leine ihres schwarzen Pudelrüden Blacky mit der »Stehen-bleiben-Taktik« versuchte. Das heißt, sie blieb jedes Mal sofort stehen, sobald die Leine zwischen ihr und ihrem Hund unter Spannung war. Worauf richtete Eva also ihren Fokus? Richtig, auf das Ziehen an der Leine. Wir kennen vermutlich alle den berühmten Spruch von Tony Robbins, »Where focus goes, energy flows«. Was war hier passiert? Eva richtete ihre ganze Aufmerksamkeit und damit ihre ganze Energie auf das Ziehen an der Leine. Sie reagierte zudem erst, wenn schon etwas Negatives (Ziehen an der Leine) passiert war. So verblieb sowohl ihre Energie als auch die von Blacky eher im Frust. Um es nach der Bewusstseinsskala nach Hawkins zu sagen: Sie blieb im niedrigen Frequenzbereich und zog damit auch genau das weiterhin an. Dieses Phänomen wurde nochmals verstärkt durch Blacky, der an dieser Übung vermutlich auch nicht besonders viel Freude hatte und damit auch tendenziell negative Schwingungen aussendete.

Was haben Eva und ich also gemacht? Wir haben ihren Fokus geändert und sie in eine höhere Schwingung versetzt. Direkt vor dem Spaziergang sollte sie sich vorstellen, wie der Spaziergang ohne Ziehen an der Leine verläuft. Sie sollte sich genau in dieses Gefühl von Freude, Liebe und Dankbarkeit begeben, das sie empfand, wenn Blacky an lockerer Leine lief. Zudem sollte sie Blacky von jetzt an dafür loben, wenn die Leine locker statt unter Spannung war. Wir arbeiteten mit dem, was der Hund selbstständig von sich aus anbot. Dies sorgte sowohl bei Eva als auch bei Blacky für eine positivere Grundstimmung und führte damit zu mehr Freude am Spaziergang. Wir erinnern uns: Freude hat in der Bewusstseinsskala eine sehr hohe Energiefrequenz. Und Positives zieht Positives an. Allein durch diese beiden kleinen Änderungen schafften es Eva und Blacky zu einer zuverlässigen Leinenführigkeit. Und die Spaziergänge bereiteten den beiden wieder Freude!

Physische Ebene

Und zuletzt wirken wir auch auf physischer Ebene ein. Kommt dir deine Klarheit abhanden oder sprudeln deine Emotionen über, wenn dich auf dem Spaziergang jemand mit einem unfreundlichen Kommentar konfrontiert, dann atme! Atmen ist eines der wichtigsten Tools, um uns wieder mit uns selbst zu verbinden. Es versorgt unsere Zellen mit Sauerstoff, senkt unseren Stresslevel und hat viele weitere förderliche Eigenschaften für unsere Gesundheit. Bevor du das nächste Mal kurz davor bist, wieder in einen alten negativen Glaubenssatz oder ein gewohntes Handlungsmuster zu verfallen, bleibe für einen Moment stehen und erinnere dich daran, dreimal tief durch die Nase ein- und vollständig durch den Mund wieder auszuatmen. Du wirst verwundert sein, was das allein schon bewirkt!

DU BIST, WAS DU DENKST

All das, was wir denken, bildet die Grundlage dafür, was wir im Leben mit unseren Hunden erschaffen oder auch nicht erschaffen. Unsere inneren Überzeugungen und Glaubenssätze prägen unser Selbstbild. Diese Überzeugungen und Glaubenssätze sind in unserem Unterbewusstsein abgespeichert, welches 95 % unseres automatisiert ablaufenden Verhaltens bestimmt. Lediglich 5 % aller Handlungen und

Entscheidungen werden bewusst gesteuert. Durch verschiedene Übungen wie Meditationen, Visualisierungs-Übungen, mentales Training und der Arbeit an unserem Mindset haben wir die Möglichkeit, unser Unterbewusstsein positiv zu beeinflussen.

»Achte auf deine Gedanken, denn sie werden Worte.
Achte auf deine Worte, denn sie werden Handlungen.
Achte auf deine Handlungen, denn sie werden Gewohnheiten.
Achte auf deine Gewohnheiten, denn sie werden dein Charakter.
Achte auf deinen Charakter, denn er wird dein Schicksal.«
— BUDDHA

Der Kreislauf der Realität[4] zeigt, wie alles miteinander zusammenhängt:

Unsere Identität (»Ich bin«) spiegelt dein Selbstbild, also das, was du selbst über dich glaubst, wider. Unsere Meinung von uns selbst beeinflusst unsere Gedanken. Unsere Gedanken (Glaubenssatz »Ich bin eine schlechte Hundehalterin«) formen unsere Gefühle (Scham), unsere Gefühle formen unsere Handlungen (sich kleinmachen, Hund kommt nicht, wenn man ihn ruft), unsere Handlungen werden zu Erfahrungen (»Na toll! Ich wusste doch, dass mein Hund nicht kommen wird, wenn ich ihn rufe!«), und unsere Erfahrungen bestätigen unsere Gedanken (Glaubenssatz »Ich bin eine schlechte Hundehalterin«) und damit unsere Identität, die sich dadurch wiederum verfestigt.

Es ist Zeit, aus diesem Karussell auszubrechen! Regelmäßige Mental-Übungen, Atemübungen und Meditationen helfen dir dabei.

Und denke daran: Das Ziel des Zusammenlebens mit unseren Hunden sollte nicht von Ehrgeiz geprägt sein. Ein glückliches Zusammenleben wird nicht daran gemessen, wie viele Tricks dein Hund kann, ob er leinenführig ist oder die Brötchentüte vom Bäcker nach Hause tragen kann. Es geht nicht darum, einen Hund »fertig« auszubilden, ihn zu einem zuverlässigen Gehorsam zu erziehen. Vielmehr geht es darum, füreinander da zu sein. Das zu tun, was einen glücklich macht. Was macht deinen Hund wirklich und wahrhaftig glücklich? Durch die Felder zu springen, auf der Wiese zu sprinten oder sich genüsslich mit einem Schweineohr in die Sonne zu legen? Sind es Camping-Ausflüge oder lange Bergtouren? Ist es eine ausgiebige Massage oder einfach nur bei seinen Menschen zu sein? Ist es ein Sprung ins kalte Wasser oder das Aufwirbeln des Herbstlaubs?

Erlaube dir zu sehen, dass euer gemeinsamer Weg das Ziel ist. Und diesen Weg dürft ihr selbst ganz individuell und nach euren Bedürfnissen gestalten.

KAPITEL 5

1. Säule:

VERTRAUEN UND SICHERHEIT

Im Herbst 2019 verbrachte ich einige Wochen in einem Tierheim auf der griechischen Insel Korfu. Nachdem ich Nala im Frühjahr verabschieden und über die Regenbogenbrücke gehen lassen musste, war es für mich an der Zeit, das weiterzugeben, was sie mir geschenkt hatte: Vertrauen, Liebe, Loyalität, Mitgefühl und ganz besondere gemeinsame Momente und Erfahrungen. Wo konnte all dies mehr gebraucht werden als in einem Tierheim? Ich packte also meinen Koffer und flog nicht nur mit dieser Absicht nach Griechenland, sondern auch, um den Schmerz hinter mir zu lassen und das riesige schwarze Loch zu füllen, das Nalas Tod in mir hinterlassen hatte.

Nachdem ich an meinem ersten Tag in Lefkimmi den Tierheimleiter, einige Mitarbeiter und andere Ehrenamtliche kennengelernt hatte und in die ersten Aufgaben eingewiesen worden war, verbrachten wir die Mittagspause mit einem Eis auf dem grünen Rasen. Die Sonne schien mir ins Gesicht. Ich unterhielt mich mit allen, streichelte nebenbei die Hunde. Und innerlich kehrte Frieden in mir ein. Ein Gefühl, das schon sehr lange nicht mehr da gewesen war, das sich nach Nalas hartem Kampf gegen den Krebs in den letzten Monaten schon fast befremdlich anfühlte. Ich spürte, ich war genau hier zum richtigen Zeitpunkt am richtigen Ort. Plötzlich wurden wir von einem lauten Bellen unterbrochen. Im hinteren Teil des Shelters wurde das Bellen lauter, immer mehr Hunde stiegen mit ein. Der Tierheimleiter legte sein Eis zur Seite, stand auf und ging der Sache auf den Grund. Einige Minuten später kam er wieder und hatte einen fremden Hund auf dem Arm, während die anderen Hunde um ihn herumsprangen.

So verläuft der Alltag in Tierheimen also? Ein Hund wird einfach über den Zaun geworfen, vor den Toren angekettet, oder Welpen werden in einem Pappkarton nachts in der Kälte abgestellt? Obwohl ich wusste, worauf ich mich mit sechs Wochen Auslandstierschutz einlasse, so sehr holte mich in diesem Moment die Realität aus der vormittäglichen Grüner-Rasen-und-Hunde-kuscheln-Idylle wieder ein. Ich fragte mich, ob ich nach Nalas Tod überhaupt schon bereit für diesen Schritt war. Doch oh yes! Wie bereit ich dafür war, das durfte ich in den darauffolgenden Wochen lernen.

Ich sah den neuen Hund an. Und in meinem Bauch begann es zu kribbeln. Es fühlte sich an wie Verliebtsein, mit einer gleichzeitigen Schwere, die einen plötzlich wie ein Blitz trifft.

In den folgenden Wochen zogen wir Welpen mit der Flasche groß, wir nahmen sie sogar mit in unsere Wohnungen, um sie auch nachts alle drei Stunden zu füttern. Wir behandelten Wunden, verteilten Medikamente, fütterten die Hunde, säuberten die Gehege und begleiteten so manchen Hund

in seinen letzten Minuten auf dieser Erde. Es war die erfül-
lendste und zugleich schwierigste Zeit für mich. Zu meinen
Lieblingsaufgaben gehörte es jedoch, mich mit der neuen
ängstlichen Hündin zu beschäftigen. Zunächst nannten
wir sie Kira. Und als ich mir wenige Tage später eingestehen musste, dass mich das Universum zu genau dieser Hündin geführt hatte, wurde aus Kira schließlich Leni. Stundenlang saß ich mit Leni in ihrem Gehege. Jeden Tag. Wer weiß,
was sie alles hatte durchmachen müssen – daher war es nur
verständlich, dass sie einiges an Skepsis mitbrachte und ihr
Vertrauen zu uns Menschen erst mal neu aufgebaut werden
musste.

An Hundetraining, Tricks oder die Arbeit an der Leinenführigkeit ist in den meisten Tierheimen überhaupt nicht
zu denken. Zum einen reichen die Kapazitäten der Mitarbeiter dazu nicht aus. Zum anderen liegt der sehr viel größere
Teil der Arbeit darin, die Hunde gesundheitlich zu versorgen und das Vertrauen in uns Menschen wiederherzustellen. Was ich in meiner Zeit auf Korfu häufig beobachtet habe,
ist, dass die meisten Hunde mehr an der sozialen Interaktion mit uns interessiert waren als an dem Futter, wenn wir
morgens und abends die Gehege betraten, um alle Hunde
mit Nahrung zu versorgen und die Hinterlassenschaften zu
entfernen. Das Bedürfnis der Hunde nach Aufmerksamkeit,
Streicheleinheiten oder auch manchmal nur danach, dass
man einfach bei ihnen saß und sonst nichts tat, war für ihr
Wohlbefinden elementar!

Was zeigt uns das? Dass unsere Hunde mittlerweile so
stark domestiziert sind, dass sie uns Menschen an ihrer Seite
für ihr soziales und emotionales Wohlbefinden brauchen.
Dass das Gefühl von Nähe und Verbundenheit, das Gefühl

von Sicherheit, das wir ihnen vermitteln, eine gleichwertig wichtige Ressource ist wie Futter oder Wasser.

Der große Nachteil, den das Leben im Tierheim mit sich bringt, ist das Fehlen eines festen Bindungspartners. Einer Bezugsperson, der der Hund vertrauen kann, die ihm Sicherheit vermittelt und für ihn da ist, wenn er sie braucht. Wie sehr ein Hund aber genau das braucht, wurde mir damals auf Korfu wieder deutlich vor Augen geführt.

Eine sichere Basis

Schon seit Tagen war ein heftiges Gewitter auf dem südlichen Teil der Insel angekündigt. Mittags fielen bereits die ersten Tropfen, bis zum Nachmittag regnete es in Strömen. Als dann die ersten Blitze und der Donner hinzukamen, stand vielen der Hunde Angst, teils blanke Panik mitten ins Gesicht geschrieben. Einige Hunde, bei denen ich auf meiner letzten Runde durch die Gehege noch mal vorbeisah, hätten mich am liebsten gar nicht gehen lassen. So konnte ich Leni nicht zurücklassen! Ich klärte alles mit der Tierheimleitung ab und nahm Leni das erste Mal mit in meine Wohnung. Sie war völlig verängstigt. Und ich konnte es verstehen: Das Gewitter in der Nacht war so stark, dass ich mir sicher war, es wäre ein Erdbeben. Mir war ziemlich mulmig zumute, und nach wochenlangen Nachtschichten mit den Welpen und der Arbeit im Shelter tagsüber war ich vollkommen erschöpft und übermüdet. Aber mir war klar, dass ich jetzt nur eine Aufgabe hatte: Leni zur Seite zu stehen und sie sicher durch die Gewitternacht zu bringen. Ich blieb die ganze Nacht lang wach, hielt sie fest in meinem Arm, schützte und wärmte sie. Wir standen es gemeinsam durch. Bis heute bin ich mir sicher, dass diese Nacht die Grundlage für das Vertrauensverhältnis zwischen Leni und mir geschaffen hat.

Natürlich hat nicht nur diese, sondern viele gemeinsame Erfahrungen dazu beigetragen, dass Leni und ich heute ein starkes Vertrauensverhältnis zueinander haben. Doch diese ersten Tage im Shelter sorgten dafür, dass sich ein Gefühl von Sicherheit bei ihr einstellte. Denn ich wurde vom ersten Moment an ein verlässlicher Bindungspartner für sie, der seitdem jeden Tag und in vielen schwierigen Situationen (erster Tag im Tierheim, Kastration, Tierarzt, Impfungen, Gewitter, neue Situationen) immer an ihrer Seite war.

Wie Lisa bereits im Kapitel »Mensch-Hund-Bindung als Grundlage für Hundetraining« erklärt hat, kann eine glückliche und harmonische Mensch-Hund-Bindung und somit ein erfolgreiches Hundetraining erst dann entstehen, wenn wir die Basis dafür geschaffen haben. Das ist der entscheidende Unterschied zwischen vielen üblichen Vorgehensweisen. Viele Hundehalter denken, es sei notwendig, dem Hund zuerst mal die wichtigsten Grundsignale beibzuringen: Sitz, Platz oder Bleib oder auch das entspannte Laufen an lockerer Leine. Natürlich sind das Dinge, die man im Zusammenleben mit seinem Hund gerne anstreben darf. Man sollte sie jedoch zu Beginn des Zusammenlebens etwas hintenanstellen und einem Hund erst mal die Zeit und die Möglichkeit geben, sich mit seinem neuen Zuhause auseinanderzusetzen, die Veränderung in Ruhe zu verarbeiten und zu entdecken, wo in seiner neuen Umgebung er seinen sicheren Rückzugsort finden kann.

Als ich Leni in besagter Gewitternacht mit zu mir in die Wohnung nahm, war es meine höchste Priorität, diesem verängstigten Hund ein Gefühl von Sicherheit zu vermitteln. Ich ließ sie deshalb nicht auf dem Boden schlafen, sondern nahm sie mit zu mir ins Bett. Zwar mögen einige Hundehalter jetzt vielleicht behaupten, ein Hund gehöre nicht ins Bett und dies sei ein Zeichen von Ungehorsam und fehlender Erziehung. Doch für ihr Wohlbefinden und ihr Grundbedürfnis nach Sicherheit war es in diesem Moment die beste Entscheidung. Denn im Bett konnte sich Leni unter den Kissen und der Decke verstecken und von mir halten lassen. Das war und ist bis heute immer noch das, was sie braucht, wenn sie Angst hat oder Unsicherheit verspürt. (Dass sie nicht mehr die ganze Nacht in meinem Bett schläft, sondern nur noch morgens für ein Stündchen zum Kuscheln mit hineinhüpfen darf, haben wir ihr später zu Hause in Deutschland noch in Ruhe beigebracht.)

Die Frage ist also folgende: Was hätte es für die Bindung zwischen meinem Hund und mir bedeutet, hätte ich sie in dieser Gewitternacht allein auf dem Boden schlafen lassen? Sie hätte mir danach weniger vertraut. Und ein gebrochenes Vertrauensverhältnis zwischen Hund und Halter führt auf Dauer zu Konflikten, Ungehorsam und Frust.

Wie sich ein Gefühl von Sicherheit auf das Verhalten deines Hundes auswirkt

Was wir im Zusammenleben mit unseren Hunden niemals vergessen dürfen, ist, dass wir versuchen, ein Tier in unserer menschlichen Welt zu etablieren. Wir gehen oft davon aus, dass ein Hund alle menschlichen Kommunikationsmittel und Verhaltensweisen versteht. Manchmal habe ich sogar das Gefühl, wir erwarten von unseren Hunden insgeheim, dass ihnen so etwas wie ein Gen für Leinenführigkeit oder Gehorsam in ihrer DNA mitgegeben wurde, das dem Hund biologisch eine Prädisposition für das entspannte Alleinebleiben oder das Abrufen auf dem Spaziergang mitgibt. Als wäre es normal oder vorbestimmt, dass er all diese Dinge in seinem ersten Lebensjahr lernt. Und ist dies nicht der Fall, denken wir, etwas an ihm sei falsch oder unnormal. Dem Hund liegt es jedoch alles andere als im Blut, immer brav neben seinem Halter an der Leine zu laufen. Es liegt nicht in seiner Natur, abgerufen zu werden und zu gehorchen, wenn er gerade einem Hasen hinterherläuft, oder es entspannt aufzunehmen, von seinem Rudel getrennt zu sein. Das Gegenteil ist der Fall: Von Natur aus würde er all diese Dinge nicht tun. Unsere Hunde sind also ihr ganzes Leben lang damit beschäftigt, sich uns und unseren Regeln anzupassen und sich in einer Welt zurechtzufinden, die eigentlich nicht ihre ist. Unsere Aufgabe ist es, ihnen als Partner sicher zur Seite zu stehen, sie an neue Situationen heranzuführen, in ihrem Tempo und ohne Druck. Bloß weil ein Hund aus unserer Sicht bald alleine bleiben »muss«, weil wir einen Job haben und zur Arbeit fahren müssen, heißt das noch lange nicht, dass er dies auch sofort kann. Dein Hund braucht dich, um Schritt für Schritt und in seinem Tempo an die Verhaltensweisen herangeführt zu werden, die du dir von ihm wünschst. Er braucht dich, um sich in dieser Welt zurechtzufinden. Er braucht deine Hilfe, um unsere Welt zu verstehen, Erfahrungen zu machen, Gewohnheiten zu festigen und sich dabei sicher zu fühlen.

Wie sehr unsere Hunde uns beim Erkunden und Zurechtfinden in unserer »menschlichen Welt« an ihrer Seite brauchen, belegen mehrere Studien, die sich mit der Orientierung des Hundes an seinem Halter beschäftigen.[5] Fühlt sich ein Hund sicher, so zeigt er in Anwesenheit seines Bindungspartners ein stärker ausgeprägtes Erkundungsverhalten: Er beobachtet seine Umwelt, andere Tiere, Menschen und Gegenstände neugierig. Auch die Bereitschaft dazu, neue nützliche Verhaltensweisen zu entwickeln, steigt. Aus dieser Studie geht auch hervor, dass sich Hunde erfolgreicher mit neuen Intelligenzaufgaben auseinandersetzen, wenn ihr Bindungspartner anwesend ist, als bei der Anwesenheit anderer bekannter Menschen, wie Freunden oder anderen Familienmitgliedern. Aber auch mit Spielsachen und anderen freundlichen Fremden beschäftigen sich Hunde lieber und intensiver, wenn ihr Bindungspartner bei ihnen ist.

Fehlt diese Sicherheit, die der Halter seinem Hund in einer bestimmten Situation oder bei einer Übung vermitteln soll, kann es dazu führen, dass sich der Hund zurückzieht. Aus einem Gefühl der Unsicherheit heraus traut er sich nicht mehr, sich mit seiner Umwelt auseinanderzusetzen. Hat ein Hund das Gefühl, dass seine Umgebung für ihn nicht sicher ist, verhält er sich auch unsicher, manchmal sogar ängstlich. Es besteht dann nicht mehr die Möglichkeit, sich mit seiner Umwelt auseinanderzusetzen und von ihr zu lernen.

Warum ist das so? Der Hundekörper schüttet in Stresssituationen bestimmte Hormone wie Adrenalin, Noradrenalin und Cortisol aus. Diese sorgen – vereinfacht ausgedrückt – dafür, dass bestimmte Denkprozesse im Gehirn blockiert werden und Lernen nicht stattfinden kann. Dies ist auch der Grund dafür, warum nachhaltiges Lernen nicht unter Druck funktioniert.

Da unsere Hunde mit uns Menschen zusammenleben, befinden sie sich in einem dauerhaften Lernprozess und Erkundungsverhalten. Es lohnt sich folglich, das Stresslevel gering zu halten. Dies erreichen wir, wie die Studien weiter zeigen, vor allem durch das Vermitteln von Sicherheit.

WORAN ERKENNE ICH, WANN MEIN HUND SICHERHEIT BENÖTIGT?

Unsere Erfahrung bei Pawsitive Life Coaching hat gezeigt, dass es Hunde gibt, die sensibler und ängstlicher sind als andere. Es gibt Hunde, die viele alltägliche Konflikte, wie zum Beispiel ein angespanntes Aufeinandertreffen mit einem anderen Hund auf dem Spaziergang, selbstständig und ohne unsere Hilfe lösen können. Dann gibt es auch Hunde, die sich in der einen Situation völlig souverän verhalten, während sie in einer anderen große Angst bekommen und sie zur Bewältigung die Unterstützung ihres Bindungspartners benötigen.

Der Facettenreichtum im Verhalten unserer Hunde ist riesengroß und individuell. Daher ist es für uns Menschen sehr hilfreich, wenn wir lernen, das Verhalten unseres Hundes zu deuten, um zu verstehen, in welchen Situationen er unsere Unterstützung braucht. Das erfordert etwas Zeit, Beobachtungsgabe und Reflexion. Daher möchten wir dir gerne einige Ideen und Impulse mit auf den Weg geben, die dir bei diesem Lernprozess helfen.

Die Voraussetzung dafür ist, diese Situationen, in denen unser Hund uns braucht, erst mal zu erkennen. Natürlich können wir einige grundlegende Dinge im Alltag tun, um immer ein gewisses Maß an Sicherheit auszustrahlen. Oftmals ist es jedoch so, dass es gerade auf die »kritischen« oder schwierigen Momente ankommt, in denen sich unser Hund hilflos fühlt. Dein Hund benötigt dann Sicherheit, wenn er sich in einer stressigen Situation befindet. Stress kann zum Beispiel entstehen, wenn euch auf dem Spaziergang ein anderes Mensch-Hund-Team entgegenkommt, eine neue, unbekannte Situation auftritt, wie ein plötzliches Geräusch, eine umherfliegende Plastiktüte, ein Rollstuhlfahrer oder Skateboarder. Auch Begegnungen mit anderen Menschen oder Tieren können bei deinem Hund Stress auslösen sowie das Erlernen einer neuen Übung oder eines Tricks, bei dem sich dein Hund überfordert fühlt.

Unsicherheit ergibt sich bei Hunden genauso wie bei uns dann, wenn etwas Ungewohntes auftaucht oder etwas, was bereits bekannt ist, von dem wir aber gelernt haben, dass es etwas Unangenehmes nach sich zieht.

Unsicherheit und Stress bei Hunden erkennst du unter anderem an folgenden Symptomen:
- Zittern
- Hecheln
- Hunde schwitzen an den Pfoten, wenn sie Stress empfinden. Das sieht man zum Beispiel häufig beim Tierarzt an den rutschigen Pfötchen oder feuchten Abdrücken auf dem Boden im Wartezimmer.
- Gähnen
- Verstecken und Schutz suchen unter Gegenständen oder hinter dir
- Spontanschuppung

Welche Anzeichen von Stress zeigt dir dein Hund?

In welchen Situationen zeigt dein Hund Symptome
von Stress?

_____

_____

_____

_____

_____

_____

_____

_____

_____

_____

_____

Welche Stressanzeichen zeigt dein Hund in welcher
Situation?

_____

_____

_____

_____

_____

_____

_____

_____

_____

_____

_____

Für die Mensch-Hund-Bindung ist es in diesen Momenten wichtig, dem Hund Orientierung und eine zuverlässige Strategie zur Konfliktlösung zu geben, die er gemeinsam mit dir als seiner Bezugsperson bewältigen kann. In Form von konkreten Anweisungen oder Aufgaben.

Im besten Fall handelst du vorausschauend und umgehst den Stressor, indem du ihm entweder ausweichst oder direkt mit einer Management-Maßnahme arbeitest, die dich und deinen Hund möglichst schonend und sicher durch die Situation hindurchbringt. Das hält den Stresspegel deines Hundes niedrig und erhöht die Chancen, dass er ansprechbar bleibt und du ihn lenken kannst.

STRESS-MANAGEMENT-STRATEGIEN

Hunde haben in der Regel eine oder zwei bevorzugte von vier möglichen Strategien zur Lösung von stressauslösenden Situationen. Selten wenden sie alle vier an. Häufig aber nutzen sie erst die eine, und sollte diese nicht aufgehen, zeigen sie die andere. Theoretisch kann ein Hund alle vier Strategien zeigen, doch meist haben Hunde mit der einen Strategie häufiger oder bessere Erfolge erzielt als mit anderen und bleiben dann tendenziell dabei.

Die vier Strategien, die ein Hund in Stresssituationen zeigen kann, nennt man die 4 Fs.

Flight / Flucht
Der Hund möchte aus der stressauslösenden Situation fliehen und versucht wegzurennen. Das kann sich durch ein

Ziehen an der Leine äußern. In den meisten Fällen kommt der Hund durch diese Strategie nicht zum Erfolg, da er entweder durch die Leine in seiner Bewegungsfreiheit eingeschränkt ist oder sich in einem Raum befindet, indem es nur beschränkt bis gar nicht möglich ist, die Distanz zum auslösenden Konflikt zu vergrößern.

Freeze / Erstarren

Der Hund bewegt sich weder vorwärts noch rückwärts und versucht, nicht auf sich aufmerksam zu machen und die Situation auszuhalten. Er bleibt einfach wie erstarrt stehen, setzt sich hin oder legt sich auf den Boden, um sich klein zu machen und nicht weiter aufzufallen.

Flirt / Übersprungshandlung

Übersprungshandlungen werden gezeigt, um die angestaute Energie aus Nervosität und Unsicherheit abzubauen und sich gedanklich aus der Stresssituation zu entfernen. Das kann wildes Umherrennen bedeuten, sich schütteln, den Schwanz jagen, über die eigene Nase lecken oder die Lefzen schlecken, übermäßig viel trinken, viel urinieren oder plötzlich einem vermeintlichen Geruch am Wegesrand nachgehen.

Fight / Angriff

Führt keine der genannten Strategien zum Erfolg, kann es sein, dass der Hund als Verteidigungsmaßnahme und als letzten Ausweg in den Angriff übergeht. Dies kann auch schon eine Drohgebärde sein. Das Ziel ist es, den Stressauslöser auf möglichst großer Distanz zu halten.

Als Leni sich einige Wochen lang in ihrem neuen Zuhause in Deutschland eingelebt hatte, beschloss ich eines Nachmittages, neue Wege mit ihr zu erkunden. Sie fühlte sich mittlerweile sicher in der näheren Umgebung unserer Wohnung. Sie kannte die Wege, die meisten Menschen und Hunde dort. Sogar an diese komischen großen Mülltonnen, die alle paar Tage am Straßenrand standen, hatte sie sich gewöhnt. Alles einmal Unbekannte war nun bekannt. Das gab ihr Sicherheit.

Also unternahmen wir an jenem Nachmittag eine kleine Tour durch den Wald, der an unsere Nachbarschaft angrenzte. Wir kamen an einer Brücke vorbei, die Leni schon von Weitem suspekt war. Als wir näher kamen, fuhr gerade ein Lkw hinüber und sorgte für ein lautes Motorengeräusch und einen erschrockenen und angsterfüllten Hund.

In neuen Situationen kommt Leni nicht gut alleine zurecht. Sie verfällt dann zuerst in eine Starre (Freeze) und setzt kurz darauf zur Flucht an (Flight). Das ist ihre gewohnte Strategie. Außerdem nutzt sie Rennen gerne als Ventil, um Aufregung oder Erregung abzubauen und ihren Organismus wieder in einen Normalzustand zurückzubringen.

In diesem Moment konnte ich Leni nur auf eine Weise Sicherheit vermitteln: Ich nahm sie sofort wieder aus der Situation heraus. Ich ging zügig, aber ruhig und bestimmt mit ihr zurück, um sie aus dem »Gefahrenherd« zu bringen. Als die Brücke nicht mehr in Sicht und die Geräusche der vorbeifahrenden Autos nicht mehr zu hören waren, suchte ich nach einer Möglichkeit, Leni ein Ventil zu schaffen: Ich rannte mit ihr über die Wiesen und spielte ausgelassen mit ihr. Der Rest des Spaziergangs verlief wie gewohnt.

Wichtig ist, dass du deinen Hund kennenlernst und ihn beobachtest, um differenzieren zu können, ob und wann er eine Strategie zur Konfliktbewältigung benutzt und wann er deine Hilfe benötigt. Es geht jedoch nicht darum, dass wir immer und zu jeder Zeit jede unangenehme Situation von unseren Hunden fernhalten. Denn aus herausfordernden Situationen lernen Hunde. Aber wenn wir erkennen, dass unser Hund unsere Unterstützung benötigt, sollten wir alles tun, um ihn aus der Situation herauszuholen. Unsere Aufgabe sollte es nicht sein, immer alles für unseren Hund zu lösen, aber mit ihm.

VERMITTELN VON SICHERHEIT UND AUFBAU VON VERTRAUEN

Wenn du mit der Zeit erkannt hast, in welchen Situationen sich dein Hund unsicher fühlt und deine Unterstützung benötigt, kannst du dir Methoden erarbeiten, die dich in deinem Mensch-Hund-Team dabei unterstützen, ein Lösungsfinder zu werden und deinem Hund die Sicherheit auf die Weise zu vermitteln, die er braucht. Wird ein positives Gefühl von Sicherheit vermittelt, hilft es dem Hund, die Situation durchzustehen. Du brauchst also keine Angst zu haben, das unerwünschte Verhalten deines Hundes durch deine positive Zuwendung zu verstärken. Aus neurobiologischer Sicht ist dies nicht möglich.

Konkret kannst du folgende Dinge umsetzen, um mehr Vertrauen zwischen dir und deinem Hund zu schaffen und damit ein Gefühl von Sicherheit herzustellen:

Zeige deinem Hund, dass du ihn verstehst

Anhand der vielen kleinen Stresssymptome, die wir im vorletzten Kapitel besprochen haben, wirst du schnell erkennen, wann sich dein Hund in einer Stresssituation befindet. Übe also, während des Spaziergangs achtsam zu sein und auch auf diese Zeichen deines Hundes zu achten. Du wirst sehen, dass es oftmals immer wiederkehrende und ähnliche Situationen sind, in denen sich dein Hund unsicher fühlt.

Vorausschauend handeln

Beobachtest du das Verhalten deines Hundes achtsam, so kannst du nach einiger Zeit schon frühzeitig solch eine Situation erkennen und deinem Hund Sicherheit vermitteln, noch bevor er sich unsicher fühlt. Das vermittelt deinem Hund, dass du ihn verstehst und er dir vertrauen kann. Das wiederum führt zu mehr Verlässlichkeit und Sicherheit.

Reflektiere, in welchen Situationen du dich selbst unsicher fühlst

Nicht selten fühlen wir uns als Halter von dem gestressten Verhalten unseres Hundes verunsichert und wissen nicht, wie wir damit umgehen sollen. Doch wie wollen wir unserem Hund Sicherheit vermitteln, wenn wir selbst keine Sicherheit ausstrahlen? Wie gerne lässt du dich von jemandem leiten oder lenken, der mit einer Situation offenbar selbst nicht gut zurechtkommt? So wird beim Hund immer ein Gefühl von Unsicherheit zurückbleiben. Versuche also ehrlich für dich zu reflektieren, wie sicher du dich selbst im Umgang mit deinem Hund und in bestimmten Situationen (zum Beispiel bei Hundebegegnungen) fühlst. Erst wenn wir uns selbstsicher fühlen und auch so auftreten, kann sich auch unser Hund auf uns verlassen und sich von uns aufge-fangen fühlen.

Immer wenn du dich unsicher fühlst oder an dir zweifelst, mache gerne folgende Übung:

Stelle dich aufrecht hin. Die Beine schulterbreit aus-einander. Mache deinen Rücken gerade und strecke deine Brust etwas nach außen. Nimm deine Schultern dazu etwas nach hinten. Wie fühlst du dich bereits jetzt? Achte nun auf deine Mimik. Wenn du es nicht schon tust, dann lache! Strahle jetzt über dein ganzes Gesicht. So, als hättest du gerade die wunderbarste Nachricht der Welt erhalten! Achte dabei auch auf deine Atmung. Atme tief durch die Nase in deinen Bauch ein. Halte die Luft kurz an. Und atme durch den Mund wieder aus. Sehr gut. Halte diese Position mindestens 30 Sekunden. Wenn du magst, gerne auch länger. Achte dabei auf ein regelmäßiges Atmen. Super!

Biete deinem Hund eine alternative Aufgabe

Es ist immer einfach zu sagen, was man von seinem Hund NICHT möchte. »Lass das«, »Hör damit auf«, »Nein«. Was der Hund aber stattdessen tun soll, kann er daraus nicht ab-leiten. Daher ist es wichtig, ihm ein alternatives Verhalten anzubieten, das er stattdessen zeigen soll. Ganz nach dem Motto: »Unterlasse dieses Verhalten, aber tue stattdessen das.« Das hilft dem Hund, sich in der Situation zurechtzufinden, und verschafft ihm Sicherheit, da er nun weiß, wie er sich verhalten soll. Das kann beispielsweise so aussehen, dass dein Hund stärker an der Leine zieht, wenn sich ein entgegenkommendes Mensch-Hund-Team nähert. Statt nur zu sagen: »Jetzt zieh doch nicht so an der Leine«, könntest du deinen Hund ansprechen, aufmerksam machen und mit ihm eine Übung machen, die ihm Freude bereitet. Wie zum Beispiel ein Stück bei Fuß zu laufen (wenn er diese Übung schon kennt und zuverlässig ausführen kann) oder ein verstecktes Leckerli zwischen den Bäumen zu suchen. Damit holst du deinen Hund entspannt aus stressigen Situationen heraus.

Die Aufmerksamkeit deines Hundes umlenken

Hier kannst du sehr gut mit Markersignalen arbeiten. Markersignale sind positiv behaftete Geräusche, wie ein bestimmtes Wort oder auch der Clicker (korrekt und in Maßen eingesetzt). Voraussetzung für den Einsatz eines Markersignals ist es, dass dieses vorher positiv aufkonditioniert wurde. Ist das Markersignal positiv aufgebaut worden, gibt es deinem Hund ein positives Gefühl, wenn es eingesetzt wird. Das erleichtert die Kommunikation zwischen euch und kann ihn aus unangenehmen Situationen herausholen. Du lenkst seine Aufmerksamkeit von etwas Unschönem, das Unsicherheit oder Stress auslöst, auf dich als etwas Positives um. Das ist besonders bindungsfördernd. Denn der Hund wird nicht nur aus einer unangenehmen Situation herausgeholt (was ihm schon Erleichterung verschafft), sondern das negative Gefühl wird auch noch in etwas Positives transformiert. Markersignale geben deinem Hund außerdem Sicherheit, da er weiß, was er zu erwarten hat und du für ihn klarer kommunizierst.

Dem Hund zum richtigen Zeitpunkt Feedback geben und ihn lenken

Auch der Zeitpunkt deines Eingreifens spielt eine Rolle. Gib deinem Hund direkt Feedback, wenn er erwünschtes Verhalten zeigt, oder biete ihm direkt ein alternatives Verhalten an, wenn er ein unerwünschtes zeigt bzw. beginnt, sich unsicher und gestresst zu fühlen. Dem Hund gibt es Sicherheit, wenn er weiß, wie er sich verhalten soll. Er muss nicht lange ausprobieren und kann sofort die Lösungsstrategie anwenden, die ihr für euch gemeinsam erfolgreich erarbeitet habt. Für schwierige oder unangenehme zukünftige Situationen weiß er dann, wie er sich verhalten kann und dass er sich auf uns verlassen kann und wir ihm eine Lösung anbieten.

Vertrauensübungen

Einige Übungen können auch in den Alltag integriert werden, um die Sicherheit durch das Vertrauen in deinem Mensch-Hund-Team generell zu stärken. So kannst du z. B. regelmäßig Vertrauensübungen wie beim Degility in eure gemeinsame Zeit einbauen. Lisa arbeitet in ihren Kursen gerne mit einem Erdnussball an dem Gleichgewicht des Hundes. Aber auch gemeinsam über Leitern oder Gittertreppen zu laufen, wo sich viele Hunde aufgrund der unebenen Bodenbeschaffenheit unsicher fühlen, trägt unheimlich zum Gefühl des Vertrauens zueinander bei, wenn man sich dem im Tempo des Hundes nähert. Das fördert ein Gefühl von Sicherheit und trägt zur Bindung zwischen dir und deinem Hund bei.

Es ist ein schönes Zusammenspiel, wenn du wahrnimmst, wann sich dein Hund ängstlich fühlt, und ihm die Sicherheit zukommen lässt, für die er in dieser Situation nicht selbst Sorge tragen kann. Erlebnisse wie diese stärken das Vertrauen zueinander und geben dir das Gefühl, gebraucht zu werden. Das wiederum löst bei dir als Halter ein Gefühl von Selbstsicherheit und Selbstwirksamkeit aus, von dem auch dein Hund profitiert.

Es ist jedoch genauso empfehlenswert, wenn nicht sogar noch nachhaltiger, auf langfristiger Ebene an dem Selbstbewusstsein deines Hundes zu arbeiten.

Ideen und Übungen, um das Selbstbewusstsein deines Hundes zu stärken:

♦ Mit leichten, reizarmen Situationen beginnen.
♦ Beim Üben Ablenkungen und Reize von außen klein halten, sodass du und dein Hund euch vollkommen aufeinander konzentrieren könnt.
♦ In kleinen Schritten arbeiten: Jeder noch so kleine Erfolg stärkt die Bindung!
♦ Integriere Abwechslung und neue Situationen in deinen Spaziergang, die ihr gemeinsam erkundet.
♦ Testet vorsichtig verschiedene Untergründe aus: Brücken, Gittertreppen, glatte Böden etc. Das ist für viele Hunde eine schwierige Übung, die Überwindung und Vertrauen braucht.
♦ Mantrailing, Nasen- oder Fährtenarbeit: fördert das selbstständige Arbeiten deines Hundes, auf das wir uns zur Abwechslung mal verlassen müssen.
♦ Positives Feedback geben: Zeige deinem Hund in für ihn herausfordernden Situationen, dass er sich richtig verhalten und seine Aufgabe gut gemeistert hat.

- Degility-Übungen sind eine sehr schöne Gelegenheit, um das Vertrauen zwischen Hund und Halter, aber auch in die Fähigkeiten des Hundes selbst zu stärken.
- Auch körperliche Geschicklichkeit, Kopfarbeit und ein gutes körperliches Gleichgewicht helfen dabei, das Vertrauen in sich selbst zu stärken.

Dranbleiben, Übung, Gewohnheit und jedes Mal ein kleines bisschen mehr aus der Komfortzone herausgehen – das braucht es, um die sichere Zone auszuweiten und ein Gefühl von Selbstsicherheit und damit Selbstbewusstsein zu schaffen.

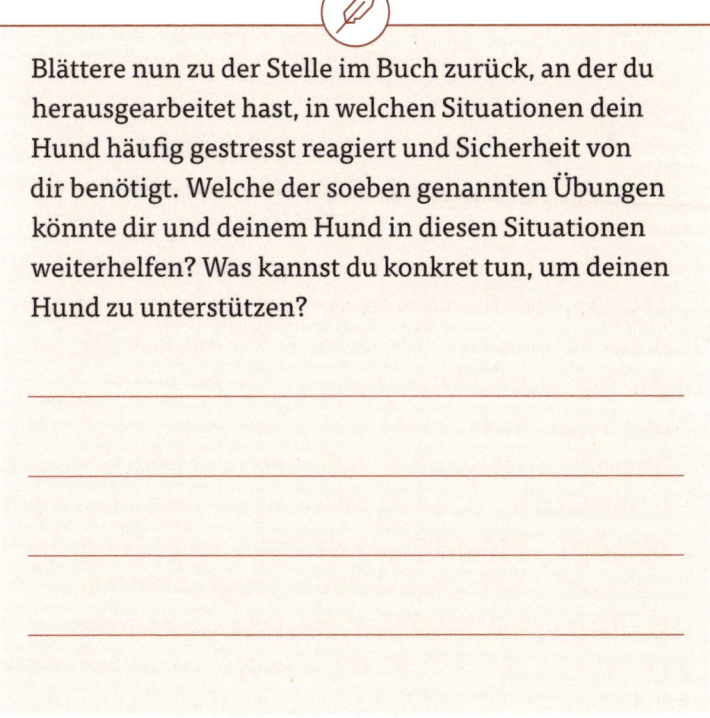

Blättere nun zu der Stelle im Buch zurück, an der du herausgearbeitet hast, in welchen Situationen dein Hund häufig gestresst reagiert und Sicherheit von dir benötigt. Welche der soeben genannten Übungen könnte dir und deinem Hund in diesen Situationen weiterhelfen? Was kannst du konkret tun, um deinen Hund zu unterstützen?

Was kannst du bereits vorbeugend tun, um deinen
Hund zu unterstützen?

_____

_____

_____

_____

_____

DIE BALANCE ZWISCHEN SICHERHEIT
UND SELBSTSTÄNDIGKEIT FINDEN

Bis hierhin haben wir viel darüber gesprochen, wie wichtig
und bindungsstärkend es ist, wenn du deinem Hund zeigst,
dass du ihn verstehst, an seiner Seite bist und ihn unterstützt, wenn er deine Hilfe benötigt. Wir haben jedoch auch
angedeutet, dass es nicht unsere Aufgabe ist, jede noch so
kleine schwierige und herausfordernde Situation von unseren Hunden fernzuhalten. Würden wir alle Schwierigkeiten von ihnen fernhalten, würden unsere Hunde über kurz
oder lang in ein ungesundes Abhängigkeitsverhältnis zu
ihren Bindungspartnern rutschen. Dies kann sich beispielsweise darin zeigen, dass ein Hund seinem Halter auf Schritt
und Tritt in der Wohnung folgt, nicht allein bleiben kann

oder auch durch aufmüpfiges Verhalten. Wir wünschen uns jedoch keine abhängige, sondern eine sichere, stabile und glückliche Mensch-Hund-Bindung. Die Unterstützung unserer Hunde hat daher auch seine Grenzen.

Ich persönlich bin der Meinung, dass jedes Geschöpf auf dieser Erde seine persönlichen Themen mitbringt und seine eigenen Aufgaben und Herausforderungen zu meistern hat. Dabei dürfen wir unsere Seelenpartner, egal ob Mensch oder Hund, Pferd, Katze oder andere Lebewesen, auf dieser Reise begleiten und ihnen mitfühlend und unterstützend zur Seite stehen. Den eigenen Weg gehen und seine Herausforderungen lösen muss letztendlich aber jedes Lebewesen allein und auf seine Art und Weise. Dafür sind wir hier auf dieser Erde. Wir sind hier, um die Erfahrung vom Leben zu machen. Und zum Leben gehören Hochs und Tiefs, leichte und schwierige Zeiten. Letztendlich sind es die schwierigen Zeiten, an denen wir am meisten wachsen und aus denen wir gestärkt mit neuen Erfahrungen, Kraft und Weisheit hervorgehen. Daher finde ich es nicht nur falsch, seinem Hund jede noch so kleine unangenehme Situation vorzuenthalten, sondern auch unfair, da wir ihm damit die Möglichkeit nehmen, an seinen Erfahrungen zu wachsen. Und ganz ehrlich: Wie langweilig wäre das Leben, wenn immer nur alles tutti mit rosaroten Wolken und glitzernden Einhörnern wäre? Ich glaube, dann wären wir alle ganz schön schnell vom Leben gelangweilt und unausgeglichen.

Die Herausforderung besteht nun darin, ein Gleichgewicht in der Mensch-Hund-Bindung zwischen dem Vermitteln von Sicherheit und dem Ausleben der Selbstständigkeit seines Hundes zu finden. Es ist sehr wichtig, für sich und sein

Mensch-Hund-Team durch Ausprobieren und Beobachten herauszufinden, welchen Grad an Sicherheit man seinem Hund zukommen lässt und wie viel Selbstständigkeit im Lösen von Konflikten und Finden von Problemlösungen man ihm selbst zutrauen kann und möchte. Denn Selbstständigkeit ist für das Selbstbewusstsein des Hundes ein ganz wesentlicher Faktor.

Die Grenze ist fließend: Mehr Selbstständigkeit gibt deinem Hund mehr Sicherheit – mehr Sicherheit gibt ihm größeres Selbstbewusstsein.

Letztendlich spielen auch deine persönlichen Präferenzen mit hinein. Der ein oder andere Hundehalter wünscht sich vielleicht einen abhängigeren Hund, für den es elementar wichtig ist, seinen Halter als Schutzschild für alle möglichen Situationen zu haben. Erinnerst du dich noch an die Halterin aus meinem Webinar zum entspannten Alleinebleiben, die auf Bindungsebene gar keine Lockerung zu ihrem Hund eingehen wollte? Für diesen Hund wäre es vielleicht gesünder gewesen, etwas weniger in Abhängigkeit zu seiner Bindungspartnerin zu sein. Ein größeres Maß an Selbstbewusstsein und Selbstsicherheit würden dafür sorgen, dass sich die Beziehung zwischen den beiden in ihrer Intensität etwas lockert, sich dadurch aber stabilisiert und harmonisiert.

Auf den Spaziergang bezogen ist es selbstverständlich von Vorteil, wenn sich dein Hund regelmäßig an dir orientiert, dir seine Aufmerksamkeit schenkt und nach Nähe sucht. Gleichermaßen ist es aber auch wichtig, dass er sich mal ein paar Schritte von dir entfernen kann, um selbstständig einem Geruch nachzugehen oder mit einem anderen Hund zu spielen. Und somit gemeinsam mit dir als seinem Bindungspartner seine Umwelt entdeckt. Nie völlig allein und immer in Anwesenheit seines Menschen. Aber mal mehr und mal weniger selbstständig.

Hier sollten wir als Halter unterstützen und sowohl das Nähesuchen als auch das Erkundungsverhalten des Hundes fordern und fördern. Hier am besten aber nicht mit falschem Ehrgeiz herangehen und den Trainingsstatus des Hundes zu weit in den Vordergrund stellen: Ein Hund muss nicht während des ganzen Spaziergangs mit seiner Aufmerksamkeit zu 100 % bei seinem Menschen sein. Wenn dies beispielsweise bei einer »Bei Fuß«-Übung von ihm verlangt wird, dann ist das eine super Übung zur Auslastung und zur Schulung der Aufmerksamkeit auf dem Spaziergang. Danach sollte man ihm jedoch auch wieder die Möglichkeit geben, sich zwischendurch im Außen zu orientieren und die Aufmerksamkeit dorthin abschweifen zu lassen.

Zudem benötigt jeder Hund einen individuellen Grad an Sicherheit und Autonomie. Der eine Hund geht mehr darin auf, selbstständiger handeln zu können. Der andere Hund fühlt sich wohler dabei, wenn er mehr Orientierung an seinem Menschen hat und sich darauf verlassen kann, dass dieser zu jeder Zeit für ihn einsteht. Finde heraus, welcher Grad an Sicherheit und Selbstständigkeit zu deinem Mensch-Hund-Team passt, und beobachte, wie gut euch dies tut. Mit der Zeit verändern wir uns, genauso wie unsere Hunde. Unsere Beziehungsdynamik kann sich verändern. Auch einschneidende Erlebnisse oder Traumata können das Bedürfnis nach mehr Sicherheit oder Autonomie verändern. Die Balance zwischen Sicherheit und Selbstständigkeit zu finden ist also ein lebenslanger Prozess und steht zwischen Welpen- und Seniorenalter in stetigem Wandel. Sie ist niemals starr und benötigt hin und wieder ein paar Justierungen.

Vertrauen und das Gefühl von Sicherheit laufen Hand in Hand. Weiß dein Hund, dass er sich sicher und beschützt bei dir fühlt, vertraut er dir. Und hat dein Hund Vertrauen zu dir entwickelt, weiß er, dass er sich auf dich verlassen kann. Je mehr Erfahrungen ihr gemeinsam als Mensch-Hund-Team sammelt, desto vertrauter wird die Beziehung zwischen euch.

KAPITEL 6

2. Säule:

STRUKTUREN UND RITUALE

A uch wenn ich zu meinem Hund Finn schon immer eine ganz besonders innige Beziehung hatte, kamen auch wir irgendwann an unsere Grenzen im Hundetraining. Nach seinen unzähligen Krankheiten und den daraus resultierenden Operationen hatte Finn überhaupt keine Lust mehr auf Begegnungen jeglicher Art. Begegnungen mit anderen Hunden entwickelten sich mit der Zeit zur reinsten Katastrophe. Egal ob Rüde, Hündin, Welpe, Senior, jeder Hund wurde von Finn so heftig angebellt, dass ich Mühe hatte, ihn mit meinen knapp 50 kg an der Leine zu halten. Jeder Spaziergang wurde zur Zitterpartie, und ich schämte mich, dass ich meinen eigenen Hund überhaupt nicht im Zaum halten konnte.

Dabei hatte ich in meiner Hundetrainer-Ausbildung doch so viel über leinenaggressive Hunde gelernt und sogar schon andere Mensch-Hund-Teams bei diesem Thema erfolgreich begleitet. Nur bei meinem eigenen Hund wollte auf einmal nichts mehr funktionieren. Um nichts unversucht zu lassen, habe ich verschiedene Interventionstechniken wie das Leinenführigkeitstraining oder die Arbeit mit einem positiven Markersignal ausprobiert – ich trainierte mich wirklich dumm und dämlich. Doch nichts half.

Ich wusste insgeheim, dass unser Training keinen Erfolg einbrachte, weil ich Finn selbst keine Stütze war. Ich konnte ihm in dieser Zeit keine Sicherheit vermitteln, weil ich selbst nicht in meiner Mitte war und wir keinerlei Strukturen hatten. Auf den Spaziergängen liefen wir nebeneinander statt miteinander. Mehr und mehr wurden die Spaziergänge zu einem »abarbeiten« und nicht zu der schönen und entspannten Auszeit, die ich eigentlich so sehnsüchtig gebraucht hätte, um meinen Kopf abzuschalten und mal wieder klare Gedanken zu fassen.

Eines Tages kam ich total erschöpft von einem dieser furchtbaren Spaziergänge nach Hause. Wir hatten eben eine Begegnung mit Finns »bestem Freund« hinter uns. Ein schwarzer Mischling aus der Nachbarschaft. Wenn Finn ihn schon roch, fing das Gebelle an. Ausweichen war leider nicht möglich gewesen. Also hieß es: Augen zu und durch. In solch einer Situation halfen übrigens nicht mal mehr Management-Maßnahmen wie Ball werfen, Leckerli suchen lassen etc.

Um den Abend wenigstens noch ein bisschen zu genießen und positiv zu beenden, ließ ich mir ein Bad ein und machte mir eine Meditation an. In dieser Meditation ging es darum, sein zukünftiges Leben zu visualisieren. Ich hatte das zwar zuvor schon öfter mal gemacht, doch an diesem Abend fiel es mir wie Schuppen von den Augen: Warum nutzte ich das nicht auch für mein Training mit den Hunden?

Visualisierung bedeutet, dass du deine Gedanken in Bilder umformst und diese Bilder vor deinem inneren Auge ablaufen lässt. Jeder von uns visualisiert. Meist nur unbewusst, da es sehr schnell geht. Du kannst es dir im Alltag mit deinem

Hund oder im Training aber auch zunutze machen, denn durch eine positive Visualisierung kannst du deine Motivation enorm steigern und erreichst damit deine Ziele nachhaltiger. Sportler zum Beispiel setzen Visualisierungen bewusst ein. Skiläufer stellen sich ihre gesamte Abfahrt bildlich vor, um sich mental darauf vorzubereiten und ihre Konzentration zu stärken. Wenn du visualisierst, lernst du, deinen Geist zu fokussieren, und entscheidest bewusst, welche Gedanken aufkommen. Außerdem kannst du deinen Gefühlszustand damit verändern. Ich hatte aufgrund der schlechten Erfahrungen irgendwann eine negative Einstellung zu den Spaziergängen mit Finn. Schon bevor ich Finn das Halsband anlegte, um mit ihm laufen zu gehen, ratterte mein Kopf. Ich hatte nur negative Gedanken und stellte mir all die schlimmen Begegnungen mit anderen Hunden vor. Auch das ist visualisieren, nur eben nicht positiv und zielführend.

Die Kunst beim Visualisieren ist es, alles Unnötige und Negative auszublenden und die Aufmerksamkeit auf das Wesentliche zu lenken. Auf die positiven Dinge. Die Visualisierungen sollten so konkret wie möglich sein, denn je lebendiger und lebensnaher sie auf dich wirken, desto besser. Du solltest dich in diesen Film hineinversetzen können. Wie ein in deinen Augen entspannter Spaziergang, das entspannte Alleinebleiben, eine lockere Leine oder ein zuverlässiger Rückruf für dich und dein Mensch-Hund-Team eben aussehen soll.

Dabei wird ein neurologischer Prozess in Gang gesetzt: Unser Gehirn ist nicht in der Lage zu unterscheiden, ob wir uns etwas nur lebhaft und bildlich vorstellen oder es tatsächlich erleben. Es werden Gefühle und körperliche Reaktionen jeder Begebenheit oder Vorstellung entsprechend ausgelöst.

Wenn ich mir also mein zukünftiges Leben, meinen nächsten Tag oder die bevorstehende Mathearbeit visualisieren kann, wieso dann nicht auch Hundebegegnungen?!

Am nächsten Tag nahm ich mir ganz bewusst zehn Minuten vor dem Spaziergang Zeit, um diesen so genau wie möglich zu visualisieren. Ich stellte mir vor, wie ich Finn anleinte, mir die Jacke anzog, wie das Wetter war, und lief gedanklich unsere Spazierrunde ab, die ich für diesen Tag für uns vorgesehen hatte. Ich sah vor mir, wie entspannt Finn einfach neben mir herlief, mir seine komplette Aufmerksamkeit schenkte, welche Menschen uns entgegenkamen und das Wichtigste: dass wir in aller Ruhe und total relaxed Hundebegegnungen meisterten. Die Visualisierung davon löste Erleichterung und Freude in mir aus.

Ich fühlte mich nach diesen zehn Minuten so viel sicherer. Noch am Tag zuvor hatte ich solche Angst gehabt, anderen Hunden zu begegnen, doch diesmal wollte ich sogar auf andere Mensch-Hund-Teams treffen, weil ich wusste, dass wir die Begegnungen meistern würden. Tatsächlich kamen uns einige Hunde auf dem Spaziergang entgegen. Es lief noch nicht einwandfrei, aber schon viel besser als am Vortag. Zwar bellte Finn noch, konnte sich aber schneller wieder auf mich fokussieren. Von da an wusste ich: Ab sofort kann es nur noch besser werden.

Tatsächlich habe ich diese kleine Visualisierungs-Übung zu meinem Ritual werden lassen. Vor jeder großen Spazierrunde lasse ich meinen positiven Film mit entspannten Hundebegegnungen vor meinem inneren Auge ablaufen und fühle mich von Spaziergang zu Spaziergang sicherer.

Und genau deshalb, weil Rituale uns und unseren Hunden Sicherheit vermitteln, sind sie eine wichtige Säule für die Mensch-Hund-Bindung.

Was Rituale für deine Mensch-Hund-Bindung bedeuten

Rituale sind bewusste und festgelegte, immer gleich ablaufende Handlungen, sowohl beim Hund als auch beim Halter. Wir führen sie aus, weil wir damit etwas Bestimmtes bewirken wollen. Dabei ist es egal, ob wir Rituale täglich, einmal pro Woche oder zweimal im Jahr anwenden. Im Fokus steht, dass wir ein Ritual bewusst erleben und nicht, wie oft wir es ausführen. Mit einem Ritual unterbrechen wir für einen kurzen Moment unseren stressigen Alltag und befinden uns mit unserem Hund komplett in der Gegenwart.

Neben den Ritualen gibt es auch die Gewohnheiten. Beides sind eingeübte automatisierte Handlungen, jedoch mit einem Unterschied: Rituale werden gezielt angewandt. Wir führen sie achtsam und bewusst aus. Gewohnheiten hingegen sind selbstverständlich gewordene Handlungen, die wir oft mechanisch und unterbewusst ausführen.

Egal ob Ritual oder Gewohnheit, beides gibt uns und unseren Hunden Struktur. Sie helfen uns durch unsichere Zeiten und Situationen hindurch. Routine, Regelmäßigkeit und Struktur sind auch im Leben von Hunden wichtig, da sie Sicherheit vermitteln. Durch sie bauen wir Vertrauen zu unseren Hunden auf. Rituale bieten Orientierung, und dadurch zeigen wir unseren Hunden, dass wir zu jeder Zeit ein verlässlicher Bindungspartner für sie sind und immer für sie einstehen. Diese Rituale gehen sogar weit darüber hinaus: Sie stärken die Bindung zwischen dir und deinem Hund, da sie das Gefühl von Gemeinsamkeit spürbar machen und fördern.

Unsere Hunde sind täglich so vielen verschiedenen Umweltreizen (neuer Spazierweg, Traktor, Menschengruppen, S-Bahn, Bus, Stadt etc.) ausgesetzt, weshalb unvorhersehbare und neue Erfahrungen unsere Hunde verunsichern und überfordern können. Und genau hier geben Rituale Halt. Sie stehen für die Dauer im Wandel. Damit sich dieses Sicherheitsgefühl einstellt, sollten Rituale etabliert und auch regelmäßig angewandt werden. Ein weiterer Grund, weshalb Rituale positiv sind: Unser Gehirn spart Energie, da es die Entscheidungen nun unterbewusst trifft, da Rituale immer nach demselben Muster ablaufen. Wir Hundehalter, aber auch unsere Hunde gehen somit viel effizienter mit unseren vorhandenen Ressourcen, also unserer Energie um. Zudem minimieren Rituale die Möglichkeit für Fehlentscheidungen.

——— RITUALE IN DEN ALLTAG INTEGRIEREN ———
MITHILFE VON NEUROPLASTIZITÄT

Du weißt nun, was Rituale sind und warum sie wichtig für deine Mensch-Hund-Bindung sein können, doch wie genau schaffst du es nun, neue Rituale in deinen Alltag zu integrieren und alte Gewohnheiten zu verändern? Das Geheimnis ist die Neuroplastizität. Neuro-was fragst du dich?

Die Wissenschaft ging lange davon aus, dass unser Gehirn im Erwachsenenalter nicht mehr formbar ist und keine neuronalen Verknüpfungen mehr stattfinden können. Die heutigen Erkenntnisse aber beweisen, dass unser Gehirn bis ins hohe Alter hinein in der Lage ist, zahllose neue Verknüpfungen, Strukturen und Signaturen, auch Muster dauerhaft anzulegen und sich dadurch neu zu organisieren und neu zu strukturieren. Dies wird Neuroplastizität genannt. Das klingt komplizierter, als es ist: Neuroplastizität ist einfach die Fähigkeit des Gehirns, sich selbst zu ändern. Das Gehirn besitzt die Fähigkeit, sich den Umständen anzupassen und sich weiterzuentwickeln. Wir sind also in der Lage, durch unsere Gedanken und durch das ständige Wiederholen von Übungen unsere Gehirnstruktur zu beeinflussen und selbst zu formen.

Aber nicht nur wir können ein Leben lang lernen, auch unsere Hunde. Deshalb ist es für Training oder die Bindungsarbeit mit deinem Hund nie zu spät.

Möchtest du ein neues Ritual etablieren, zum Beispiel entspannt in den Spaziergang starten, dann dauert es mindestens 30 Tage, bis sich das Ritual bei dir und deinem Hund gefestigt hat. Auch hier gilt: Jeder Mensch und jeder Hund ist individuell. Daher sind die 30 Tage nur ein grober Richtwert. Möchtest du jeden Tag motiviert und voller Lebensfreude aufstehen und das Leben mit deinem Mensch-Hund-Team in vollen Zügen genießen? Dann let's go! Das Geheimnis liegt hier in der Umsetzung und in der Konstanz in der Handlung an sich.

Gewohnheiten und Rituale sind wie kleine Trampelpfade im Gehirn. Wir hinterlassen mit unseren Füßen sichtbare Spuren auf der Wiese. Je öfter wir diesen Pfad gehen, desto einfacher wird es uns fallen. Wir müssen nicht mehr groß darüber nachdenken, sondern laufen einfach den gewohnten Weg entlang.

Möchten wir nun bestehende Gewohnheiten verändern oder neue Rituale etablieren, dann muss dieser Pfad erst geschaffen werden. Dazu braucht es a) Zeit, bis sich der Pfad bildet, und b) ständiges Wiederholen, damit sich der Pfad in der Wiese auch zeigt! Danach ist das neue Ritual etabliert und für uns und unseren Hund »normal« und zu einer Gewohnheit geworden.

Was hilft uns dabei, einen neuen Pfad zu gehen? Unsere Motivation! Sie treibt uns an, Gewohnheiten und Rituale in unserem Zusammenleben mit unserem Hund zu etablieren. Hinter jeder kleinen Gewohnheit und jedem Ritual sollte auch dein eigenes, persönliches Warum stecken. Dieses Warum treibt dich an, ins Handeln zu kommen, und genau diesen Ansporn und die nötige Selbstdisziplin benötigen wir, um Gewohnheiten zu verändern oder neue Rituale zu etablieren.

Durch Gewohnheiten und Rituale können wir das Leben mit unserem Hund verändern. Wir können jedoch nicht von heute auf morgen unser ganzes Leben umkrempeln, auch wenn wir uns das gerne wünschen. Für uns alle ist es bequemer, wenn wir in unserer Komfortzone bleiben. Manchmal will man vielleicht aufgeben und in alte Muster verfallen, einfach weil sie uns keine Energie kosten.

Wir empfehlen dir daher, immer einen Schritt nach dem anderen zu gehen. Finde heraus, welche Gewohnheit du im Zusammenleben mit deinem Hund verändern möchtest oder welches neue Ritual in deinem Alltag etabliert werden

Die Anfänge von Pawsitive Life Coaching mit Nala und Finn, im Sommer 2017

Nala

Kiki und Nala

Kiki und Leni
an Lenis zweitem
Tag im Shelter
auf Korfu

Leni

Lisa und Finn

Finn

Sama und Finn

Sama als Welpe

Finn als Welpe

Stay Pawsitive!

darf. Und dann gehe es an. Eins nach dem anderen. MACH es einfach, oder mach es EINFACH.

Wir wissen, wie anstrengend es ist, seine alten Muster zu verlassen und eine neue Routine zu entwickeln. Für uns alle ist es bequemer, wenn wir in unserer Komfortzone bleiben. Es ist einfacher und kostet uns keine Energie, da bei gewohnten Handlungen unser Gehirn kaum etwas leisten muss. Alte Gewohnheiten zu verändern ist ein Prozess des Loslassens. Es gilt, wichtige Dinge loszulassen, die uns nicht guttun, da sie uns Energie rauben. Also lass uns negative Gewohnheiten verändern und neue Rituale etablieren, die dir und deinem Mensch-Hund-Team ein gutes Gefühl geben.

RITUALE FÜR EINE HARMONISCHE MENSCH-HUND-BINDUNG

Ritual für einen entspannten Start in den Spaziergang

Auch du kannst deinen gewohnten Spaziergang mit einem Ritual beginnen und diesen somit achtsamer erleben. Besonders nach einem stressigen Arbeitstag neigen wir dazu, mit unserem Hund »noch mal ganz schnell vor die Tür zu gehen«. Leg stattdessen deinem Hund das Halsband oder Geschirr ganz bewusst an. Bevor es losgeht, hältst du die Leine deines Hundes locker in der linken Hand und schließt deine Augen. Dein Hund darf dabei gerne neben dir sitzen oder stehen. Dann atmest du einmal tief durch die Nase ein und durch den Mund laut wieder aus. Diese kleine Atemübung wiederholst du so lange, bis du und dein Hund ganz entspannt seid. Diese Stimmung, mit der du nun in den Spaziergang startest, wird dich die ganze Zeit über begleiten. Nimm dir Zeit für dich und deinen Hund. Etabliere dieses kleine, aber feine Ritual, und du wirst einen großen Unterschied bemerken.

Begrüßungsritual

Hunde sind sehr soziale und kommunikationsfreudige Wesen, weshalb die tägliche Begrüßung und das Wiedersehen ein wichtiges Ritual darstellen, bei dem sie ihre Zuneigung zu uns ausdrücken können. Beobachtet man Hunde in einem Rudel, dann erkennt man, dass auch sie ein Begrüßungsritual haben und dieses immer durchführen. Das Gerücht, dass man einen Hund nach dem Nachhausekommen erst mal nicht begrüßen soll, hält sich leider hartnäckig. Freu dich lieber, wenn dir dein Hund schwanzwedelnd entgegenläuft, wenn du zur Tür reinkommst. Endorphine und das Kuschelhormon Oxytocin werden ausgeschüttet, dadurch ist eine entspannte Begrüßung sehr bindungsfördernd.

Die Wirkung von Oxytocin auf Mensch und Hund

Japanische Forscher haben herausgefunden, dass es zwischen Hunden und Menschen eine Gefühls-Rückkopplung gibt. Grundlage dafür ist folgende Beobachtung bei Müttern und ihren Babys: Durch die Zuwendung der Mutter wird Oxytocin im Körper des Babys ausgeschüttet. Dies führt wiederum dazu, dass sich das Baby verstärkt der Mutter zuwendet. Als

Rückkopplung hierzu steigt auch bei der Mutter der Oxytocinspiegel.

Den Forschern gelang es, dies auch auf die Bindung zwischen Hund und Mensch zu übertragen: Sie konnten nachweisen, dass dieser Vorgang bei Hunden und ihren Besitzern genau gleich abläuft! Der erhöhte Oxytocinspiegel konnte sowohl im Urin der Hunde als auch in dem der Besitzer nachgewiesen werden.[6]

Eine weitere Studie zeigt, dass zum Beispiel ein Begrüßungsritual das Stresslevel des Hundes schneller senkt, als wenn wir ihn nicht begrüßen würden. Dies geschieht allerdings nur, wenn wir ihn mit Worten und durch Anfassen begrüßen. Schenkst du deinem Hund körperliche und verbale Zuwendung, verringern sich die Stresshormone, und im Gegenzug wird Oxytocin ausgeschüttet. Der Hund erfährt durch das Ritual schneller Entspannung als ohne. Ignorieren wir unseren Hund jedoch, nachdem er längere Zeit alleine war, bauen sich die Stresshormone nur langsam bis gar nicht ab.[7]

Abschiedsritual

Ein häufiger Fehler, der gemacht wird, wenn wir das Haus zum Beispiel zum Einkaufen verlassen, ist, dass wir den Hund noch einmal anschauen. Wir laufen zur Haustür, verabschieden uns, schauen ihm in die Augen und knallen ihm vor seiner Schnauze die Tür zu. Manchmal haben wir dann etwas vergessen, kommen noch einmal zurück und rennen wieder raus. Dass der Hund daraufhin irritiert ist und sogar damit reagieren kann, an Türen und Wänden zu kratzen, zu jaulen und Sofakissen zu zerstören, bleibt da oft nicht aus. Für einige Hunde kann daher ein Abschiedsritual sinnvoll sein, da es deinem Hund Sicherheit vermittelt, wenn er weiß, was ihn erwartet. Mein Abschiedsritual sieht so aus: Nachdem ich in aller Ruhe meine Handtasche gepackt und meinen Mantel angezogen habe, gehe ich in die Küche, um ein paar Leckerlis für Finn und Samu zu holen. Danach sprühe ich etwas Lavendelspray auf ihre Decken und schicke sie mit dem Signal »auf die Decke« dorthin. Dann lege ich ihnen die Leckerlis auf die Decke, drehe mich um, laufe zur Tür, ohne sie noch mal anzuschauen oder anzusprechen (denn das wäre eine Aufforderung für die beiden, mir zu folgen). Später konnte ich durch die Aufnahmen der Hundekamera sehen, dass die beiden ganz entspannt auf ihren Decken schlummerten und mir nicht hinterherliefen. Sie hatten durch den festen, immer gleichen Ablauf gelernt, dass ich immer wiederkomme. Es gibt auch Hunde, denen der Abschied ohne Ritual leichter fällt. Jeder Hund ist individuell, achte darauf, was dein Hund braucht.

Entspanntes Einsteigen ins Auto

Damit auch dein Hund entspannt mit im Auto fährt, kannst du gerne ein Ritual einführen, bevor du einsteigst. Auch wenn wir es meistens eilig haben – nimm dir dafür Zeit, und versuch, Ruhe auszustrahlen.

Dein Ritual könnte so aussehen: Du ziehst dir deine Jacke an, und schnappst dir deinen Autoschlüssel. Meist kommt der Hund dann schon angelaufen, weil das für ihn der

»Schlüsselreiz« ist, dass du nun das Haus verlässt. Um hier Ruhe und Entspannung zu integrieren, gehst du nicht sofort Richtung Tür, sondern setzt dich noch 2–3 Minuten auf dein Sofa und schließt für einen kurzen Moment die Augen. Lass die Gedanken für einen kurzen Moment ziehen und atme tief durch die Nase ein und durch den Mund wieder aus. Dann geht's los. Leine deinen Hund an, und laufe entspannt und mit lockerer Leine mit ihm ans Auto heran. Lass deinen Hund sitzen und öffne ganz entspannt den Kofferraum oder die Autotür – je nachdem, wo dein Hund im Auto mitfahren darf. Auch hier verwende ich wieder etwas Lavendelspray, das entspannt ihn zusätzlich. Ich fahre seine kleine Leiter aus (ohne kommt er nicht hoch), und mit dem Signal »okay« darf er dann hineinklettern. Dann schließe ich den Kofferraum, atme noch mal tief durch, laufe zur Fahrerseite und steige ein. Probiere es gerne aus. Du wirst sehen, dass dein Hund und auch du selbst die gesamte Fahrt über viel entspannter sein werdet.

ALTE GEWOHNHEITEN LOSLASSEN

»Die erste Stunde des Tages bestimmt die Energie des restlichen Tages.«[8]
— EBEN PAGAN

Die Energie, mit der du in den Tag startest, hat einen wesentlichen Einfluss auf deinen gesamten Alltag und im gleichen Atemzug auf dein Mensch-Hund-Team. Und obwohl uns dies bewusst ist, starten wir meist gestresst, angespannt und mit zu vielen To-dos im Kopf in den Tag.

Zum Beispiel stelle ich immer wieder fest, dass ich – wenn ich sofort nach dem Aufstehen zum Handy greife – viel gestresster in den Tag starte.

Die folgenden vier Tipps können dir dabei helfen, negative Gewohnheiten loszulassen und sie in etwas Positives umzuwandeln.

1. Unerwünschte Handlungen erkennen

Reflektiere deinen Alltag. Erkenne und benenne die Gewohnheit, die dir nicht guttut. Für mich ist es der morgendliche Griff zum Handy. Damit auch du negative Gewohnheiten erkennst, fühle in diverse Situationen hinein und höre auf dein Bauchgefühl. Spürst du Stress oder Unwohlsein aufkommen, wenn du eine Handlung ausführst, dann solltest du diese verändern. Entscheide dich bewusst dafür, welche negativen Gewohnheiten du aus deinem Alltag gehen lassen solltest.

2. Trigger sichtbar machen

Finde heraus, was der Auslöser für deine negative Gewohnheit ist. Ich erhoffte mir, durch meine Handlung positive Nachrichten zu erhalten und gebraucht zu werden. Damit machte ich mein Glück von äußeren Umständen abhängig, und das sorgte für Stress. Der erste Schritt, um deinen Trigger zu identifizieren, ist es, achtsamer zu werden und den Auslöser bewusst wahrzunehmen, ohne ihn sofort verändern zu wollen. Führe am besten eine Woche lang eine Strichliste, um zu erkennen, wie oft du in dieser Zeit deine negative Gewohnheit ausführst. Finde heraus, warum du dieses Verhalten zeigst, und stelle dir dabei folgende Fragen: In welchen Situationen führe ich diese Gewohnheit aus? Was sind meine Gedanken, bevor ich diese Gewohnheit ausführe? Was erhoffe ich mir davon?

3. Alternative finden

Deine neue Gewohnheit sollte dir guttun, dir Spaß machen, dich zufriedenstellen, und du solltest von ihrer Sinnhaftigkeit überzeugt sein. Um eine geeignete Alternative zu finden, solltest du zuerst deine negativen Gewohnheiten hinterfragen:

4. Umsetzung und Selbstdisziplin

Tatsächlich ist dies der anstrengendste Schritt, für den wir Zeit und Geduld benötigen. Erinnere dich in Momenten des Zweifelns immer daran zurück, warum du die negative Gewohnheit ändern möchtest.

Auch ich habe mir 30 Tage Zeit gegeben, um mein neues Morgenritual zu etablieren. Mittlerweile ist es in eine Gewohnheit übergegangen, da ich nicht mehr über die Handlung nachdenke, sondern sie automatisch ausführe.

Nun geht der erste Griff nicht mehr an mein Handy, sondern an meinen Aroma-Diffuser, der mit Orangen-, Lavendel- und Weihrauchöl gefüllt ist. Diese Düfte lösen in mir Frieden und Entspannung aus und steigern mein Wohlbefinden enorm. Sie lassen mich mit positiver Energie in den Tag starten. Direkt danach schließe ich für fünf Minuten meine Augen und mache eine kleine Selbstliebe-Meditation. Dabei wiederhole ich immer wieder folgende Sätze: Ich tu genug. Ich habe genug. Ich bin genug. Danach widme ich Finn und Samu zehn Minuten Zeit, kuschele mit ihnen, visualisiere den ersten Spaziergang und starte dann entspannt und mit positiven Gefühlen in meinen Tag. Finde auch du die Alternative, die sich für dich gut anfühlt. Du wirst einen wesentlichen Unterschied in deinem Alltag und auch im Zusammenleben mit deinem Hund feststellen.

Nimm dir Zeit, um deine bisherigen Gewohnheiten zu reflektieren, damit du dir das Zusammenleben mit deinem Hund erschaffst, von dem du schon immer geträumt hast. Beantworte gerne in Ruhe folgende Fragen:

Welche Gewohnheiten stören dich, und welche möchtest du ändern?

Welche neuen Gewohnheiten möchtest du etablieren?

Verbinde positive Assoziationen mit deiner neuen Gewohnheit. Frag dich: Wie würde ich mich fühlen, wenn ich diese Gewohnheit hätte, und welchen Vorteil hätte ich dadurch?

Mache dir deine neue Gewohnheit bewusst, wiederhole und verstärke sie.

Ich bin stolz auf mich, dass ich heute ...

_____

_____

_____

_____

Die richtigen Gewohnheiten sind der Schlüssel zu einem
glücklichen, erfolgreichen und zufriedenen Leben.

Gewohnheiten zu verändern ist kein »Muss«, sondern
eher ein »Ich darf ...«. Es ist mit viel Selbstdisziplin verbunden und eine Frage der Motivation.

Gewohnheiten sollten dir und deinem Hund guttun. Du
solltest dich freuen, sie ausführen zu können. Sollte dies
nicht der Fall sein und sich deine Gewohnheit wie ein Zwang
anfühlen, dann sollte sie noch einmal überdacht und gege-
benenfalls angepasst werden.

Alles ist in einem stetigen Wandel. Daher ist es gut, wenn
du dir alle drei bis vier Monate überlegst, ob diese Rituale
noch zielführend sind. Ob sie dir noch guttun oder ob du
neue Rituale etablieren oder alte Gewohnheiten ablegen
möchtest. Mit unseren etablierten Ritualen oder Gewohnheiten geben wir unseren Hunden eine Richtung vor, die sich
harmonisch auf das gesamte Mensch-Hund-Team auswirken.

Tipps, um neue Rituale und einen strukturierten Tagesablauf zu etablieren

Du weißt nun, wie du negative Gewohnheiten erkennst, Alternativen suchst und diese in deinem Alltag etablierst.

Abschließend möchten wir dir noch ein paar Tipps mit an die Hand geben, die uns selbst dabei geholfen haben, neue Rituale und Gewohnheiten dauerhaft in unserer Tagesstruktur zu etablieren:

- Erstelle dir einen individuellen Hintergrund-Bildschirm am Laptop, der dich an dein neues Ritual erinnert.
- Verteile Post-it-Zettel in deiner Wohnung, die dich motivieren (z. B. am Badezimmerspiegel, an der Haustür ...).
- Führe ein Erfolgstagebuch.
- Schaffe dir ein gutes Gefühl dabei. Mir hat es geholfen, jeden Tag einen Haken an die Aufgabe »Neue Gewohnheit etablieren« zu machen. Dadurch fühlte ich mich besser.
- Und zu guter Letzt: Visualisiere dein Ziel immer und immer wieder. Halte es vor deinem inneren Auge fest, und stell dir vor, wie es sich anfühlt, wenn die neue Gewohnheit etabliert sein wird.

KAPITEL 7

3. Säule:

ZUNEIGUNG UND KOMMUNIKATION

Als Samu in mein Leben kam, passte der kleine, erst acht Wochen alte Eisbär-Welpe mit dem etwas verpeilten Blick gerade so auf meinen Arm. Ich war so glücklich über seine Ankunft, diesen Moment wollte ich festhalten und mit der ganzen Welt teilen. Ich bat meine Eltern, ein Foto von uns beiden zu machen, und postete es am nächsten Tag auf Instagram. Glückwünsche und viele liebe Nachrichten und Kommentare trudelten ein. Doch dann das: »Wie unverantwortlich, dass du deinen Hund auf den Arm nimmst, und das als Hundetrainerin. Schäm dich! Hunde sind dafür nicht gemacht. Kauf dir lieber ein Kuscheltier, welches du so behandeln kannst.« Ich spürte den Kloß in meinem Hals, und meine Augen füllten sich mit Tränen. War da etwas dran? Projizierte ich nur meine Zuneigung, um mein eigenes Bedürfnis nach Nähe zu befriedigen?

Die Aussage dieser Person verunsicherte mich so sehr, dass ich mir das Bild immer wieder anschaute. Ich konnte darauf aber einfach nur sehen, dass Samu entspannt in meinem Arm lag und weder Beschwichtigungszeichen zeigte noch von mir wegwollte. Er hatte es genossen, von mir gekrault zu werden, und war nach dem Foto sogar in meinem

Arm eingeschlafen. Jedoch beschäftigte mich der Gedanke, »etwas gegen die Natur des Hundes getan zu haben, und das als Hundetrainerin«, sehr, weshalb ich mich noch mehr in die Materie der Zuneigung bei Hunden einlas.

Ich blätterte dazu in der Tierschutz-Hundeverordnung und fand unter dem § 2 folgende Sätze:

Allgemeine Anforderungen an das Halten von Hunden

(1) Einem Hund ist ... ausreichend Umgang mit der Person, die den Hund hält, betreut oder zu betreuen hat (Betreuungsperson), zu gewähren. Auslauf und Sozialkontakte sind der Rasse, dem Alter und dem Gesundheitszustand des Hundes anzupassen.

»Ausreichend Umgang« fand ich ziemlich vage beschrieben. Das reichte mir noch nicht aus. Ich durchforstete das Internet und fand diese interessante Information: Forscher haben festgestellt, dass wir Halter unseren Hunden bei der Entspannung helfen können. In einer Studie ging es darum, dass Menschen täglich 45 Minuten mit Hunden aus dem Tierheim verbrachten, mit ihnen spielten und ihnen Zuneigung zeigen durften. Vor der Studie wiesen die Hunde ein erhöhtes Level des Stresshormons Cortisol auf. Nach nur ein paar Tagen sank der Cortisol-Spiegel der Hunde enorm, was für einen positiven Einfluss auf die soziale Interaktion zwischen Mensch und Hund spricht.[9]

Ich konnte mich wieder etwas entspannen, denn genau das sagte mir auch mein Gefühl. Samu genoss einfach die Zeit in meinem Arm, und wenn ich dazu beitragen konnte, ihm den Einzug in mein Zuhause dadurch zu erleichtern, dass sich sein Cortisol-Spiegel senkte, war doch alles gut.

Das Thema ließ mich aber nicht mehr los, und ich recherchierte weiter. Ich stieß auf eine weitere Studie[10], die zeigt, wie Tiere allgemein zum Thema Zuneigung stehen. Bei einem Experiment trennte der Verhaltensforscher Harry Harlow Rhesus-Äffchen von ihrer leiblichen Mutter. Er gab den Babyaffen als Ersatz jeweils zwei leblose Attrappen. Eine der Attrappen war aus Draht, hatte jedoch ein Fläschchen integriert, sodass die Affen ernährt werden konnten. Die andere Attrappe war ohne Nahrungsangebot, jedoch mit einem warmen und kuscheligen Stoffkörper ausgestattet. Tatsächlich tranken die Babyaffen zwar öfter kurz an der Flasche der »Draht-Mama«, suchten jedoch danach sofort wieder die Nähe zur »Stoff-Mutter«, um sich dort in Sicherheit zu fühlen. Auch als die kleinen Affen einem Schreckreiz ausgesetzt wurden, flüchteten sie sich in die Arme der Stoff-Mama, um Schutz zu suchen. Die Äffchen zogen also Geborgenheit der Nahrungsaufnahme vor. Eine ähnliche Erfahrung hatte Kiki damals im Tierheim auf Korfu gemacht: Den Hunden waren die Zuneigung und der soziale Kontakt zum Menschen oftmals wichtiger als das Futter.

NEUROLOGISCHE SCHÄDEN DURCH FEHLENDE ZUNEIGUNG

Wenn Hunde in einer reizarmen und lieblosen Umgebung aufwachsen und vielleicht sogar unter Erfahrungsentzug oder an Mangel von Zuwendung durch soziale Kontakte leiden, kann ihre geistige Entwicklung gestört verlaufen. Folgen davon können sein: Teilnahmslosigkeit, soziale Kontaktstörungen, Angstzustände oder Aufmerksamkeitsstörungen. Man spricht dann von einem Deprivationssyndrom. Das Wort »Deprivation« kommt aus dem Lateinischen und bedeutet »Beraubung«. Besonders betrifft das Hunde von illegalen Welpenhändlern.

Die Ursache hierfür liegt in der Hirnentwicklung von Hunden. Das Gehirn des Hundes entwickelt sich zu einem großen Teil erst nach der Geburt. Daher benötigen Welpen in der sogenannten Sozialisierungsphase (zwischen der 3. und 20. Lebenswoche) verschiedene Reize, um sich entfalten zu können. Die Nervenzellen benötigen so viele Informationen wie möglich, um sich zu entwickeln. Das bedeutet jedoch nicht, dass für den Welpen jeden Tag ein anderes Programm ablaufen muss. Welpen dürfen zwar viele Reize erfahren, sollten jedoch auch nicht überfordert werden. Wir müssen bedenken, dass Welpen die Reize auch erst mal verarbeiten müssen. Egal ob positive oder negative Erfahrungen, in der Zeit der Sozialisierung graben sich die Erfahrungen besonders tief in sein Gedächtnis ein. Wächst der Welpe aber reizarm auf und ist mangelhaft sozialisiert, können sich die Nervenzellen nicht ausreichend miteinander verbinden. Es wird für den Welpen schwieriger, sich in seiner Umwelt zurechtzufinden. Dies hat auch zur Folge, dass der Hund später zum Beispiel nicht in der Lage ist, flexibel auf veränderte Bedingungen zu reagieren.

Selbst Wölfe in freier Wildbahn nutzen das sogenannte Kontaktliegen, um ihre Art der Zuneigung auszudrücken. Dieses Verhalten zeigen Hunde oder Wölfe rein aus eigener Motivation heraus und nicht, weil sie von einem Menschen dazu »genötigt« werden.

Wichtig ist natürlich: Nicht immer wollen Hunde von uns geknuddelt werden. Es jedoch gänzlich zu unterlassen oder gar nicht erst zu versuchen wäre kontraproduktiv. Ignorieren wir dieses Grundbedürfnis unseres Hundes, Zuneigung zu zeigen, schaden wir ihm. Zuneigung und Nähe suchen bedeuten, also, sich freiwillig und aus freien Stücken seinem Bindungspartner zu nähern bzw. die Distanz zum Bindungspartner zu verringern und sich gern in dessen unmittelbarer Umgebung aufzuhalten. Unsere Hunde brauchen diesen persönlichen Kontakt zu uns, um gesund zu bleiben und um eine glückliche und harmonische Mensch-Hund-Bindung zu uns aufzubauen.

── VERSCHIEDENE ARTEN VON ZUNEIGUNG ──

Die Möglichkeiten, uns in unserem Mensch-Hund-Team gegenseitig Zuneigung zu zeigen, sind sehr vielfältig. Auch hierbei ist wichtig zu berücksichtigen, dass nicht alle Hunde auf dieselbe Art und Weise und auch nicht in derselben Intensität Zuneigung brauchen.

Die Intensität und die Häufigkeit, mit der Zuneigung ausgedrückt wird, kann vom Charakter deines Hundes, vom Gemütszustand, von der aktuellen Tagesverfassung und auch davon abhängen, wie sehr sein Bedürfnis nach Zuneigung zu dem Zeitpunkt gerade erfüllt ist. An einem Tag sucht dein Hund sehr viel Nähe, an einem anderen Tag eher weniger. Andere Hunde hingegen möchten sich in einer ähnlichen Situation vielleicht lieber zurückziehen, weil sie Ruhe benötigen und dafür Abstand brauchen. Auch das ist vollkommen in Ordnung und sagt nichts über eine schlechte Bindung aus.

Zuneigung beruht auf Gegenseitigkeit. Daher ist es nicht nur wichtig zu erkennen, wann unser Hund ein verstärktes Bedürfnis nach Nähe hat, sondern auch, in welchen Situationen es für dich besonders wichtig ist, Körperkontakt zu deinem Hund zu suchen oder dich in der Nähe deines Hundes aufzuhalten.

Finde heraus, welcher Grad an Zuneigung deinem Hund guttut. Es kann durchaus vorkommen, dass wir aus unserem eigenen Bedürfnis heraus mal mehr Zuneigung fordern als vom Hund gewünscht – andersherum gilt dies natürlich genauso. Daher ist es wichtig, das richtige Maß an Zuneigung für sich und seinen Hund zu finden. Dein Hund kann dir dabei auf ganz unterschiedliche Weise Zuneigung signalisieren.

Zuneigung durch Lächeln

Üblicherweise eine Form von menschlicher Zuneigung, jedoch haben einzelne Hunderassen diese adaptiert und zeigen sie selbst. Auch wenn dein Hund diese Art von Zuneigung nicht zeigt, kann er sie trotzdem verstehen. Zusätzlich kann ein Lächeln als Verstärker für ein positives Verhalten genutzt werden.

Zuneigung durch Blickkontakt

Das Kuschelhormon Oxytocin ist essenziell für eure Mensch-Hund-Bindung und kann auch durch Blickkontakt zwischen dir und deinem Hund ausgeschüttet werden. Vielleicht sucht dein Hund ja oft den Blickkontakt zu dir, orientiert sich an dir und hält sich generell viel in deiner Nähe auf. Natürlich gibt es hier auch rassebedingte Unterschiede. Hunde, die sehr selbstständig sind, zeigen diese Art der Zuneigung eher weniger.

Zuneigung durch Kontaktliegen

Beim Kontaktliegen sucht dein Hund die direkte oder indirekte Nähe zu dir. Er kann hierbei direkt bei dir, also eng an dir oder sogar auf dir liegen. Befindet sich dein Hund inner-halb eines Radius von ungefähr zwei Metern um dich herum, ist dies ein indirektes Kontaktliegen. Du als Hundehalter solltest die Art des Kontaktliegens deines Hundes respek-tieren, egal ob direkt oder indirekt. Manche Hunde mögen und brauchen mehr Körperkontakt, während andere bereits zufrieden sind, sich nur in der Nähe ihres Halters zu befin-den. Und das ist auch vollkommen in Ordnung.

Zuneigung durch Kuscheln

Beim Kuscheln drücken wir unsere Zuneigung ganz be-wusst durch intensiven Körperkontakt aus. Deshalb ku-scheln wir auch nur dann, wenn es von beiden Seiten er-wünscht ist. Die Aufforderung hierzu kann sowohl von deinem Hund als auch von dir selbst kommen. Auch das Kuscheln an sich hat verschiedene Facetten. Manche Hunde mögen es, umarmt zu werden, während andere Hunde lieber mit dem Hundehalter auf dem Sofa oder im Bett liegen oder es genießen, einfach nur intensiv gekrault und massiert zu werden.

Unser Tipp: Gehe auf deinen Hund als Individuum ein. Ist dein Hund erst eine Woche in deinem Mensch-Hund-Team, wird er vermutlich noch nicht so sehr nach Zuneigung su-chen wie ein Hund, mit dem du schon seit vielen Jahren zu-sammenlebst und der schon viel mehr Vertrauen zu dir auf-bauen konnte.

Sowohl dein Hund als auch du benötigen von Zeit zu Zeit Ruhe und Distanz, selbst wenn das Bedürfnis nach Zunei-gung beim anderen vorhanden ist. Auch wenn es uns als Hundehaltern oftmals schwerfällt, nicht jeder Streichel-aufforderung unseres Hundes nachzukommen, müssen wir dem nicht jedes Mal nachgehen, wenn wir dafür gerade nicht in der Stimmung sind.

Beobachte deinen Hund und dich in den nächsten Tagen in eurem Alltag. In welchen Situationen sucht dein Hund die Nähe zu dir? Wann geht er auf Abstand? Und welche Form der Zuneigung zeigt ihr euch? Auf längere Sicht lernst du deinen Hund dadurch immer besser kennen und verstehen, und er lernt, dass seine Bedürfnisse von dir akzeptiert und respektiert werden. Das stärkt eure Mensch-Hund-Bindung.

Die Bedeutung von Zuneigung für die Mensch-Hund-Bindung

Du kannst Zuneigung sowohl im Training als Belohnung einsetzen als auch einfach so zeigen, wenn dir gerade danach ist. Gemeinsame Erfolgserlebnisse im Training stärken die Beziehung zwischen dir und deinem Hund. Je nach Motivation des Hundes – gerade auch bei Hunden, die gut mit Futter zu motivieren sind – kann ein freundlicher Blick, ein kurzes Zunicken oder Körperkontakt eine tolle Abwechslung sein.

Das Zusammenleben mit deinem Hund dreht sich aber natürlich nicht nur um Training, deshalb darfst und sollst du Zuneigung auch einfach nur so zeigen. Genieße die Zeit mit deinem Hund, ohne dass du ständig darauf achtest, ob du ein Verhalten verstärkst oder korrigierst. Egal ob ihr kuschelt, du deinem Hund einen freundlichen Blick zuwirfst oder er das Kontaktliegen bevorzugt, diese Momente sind es, die eure Mensch-Hund-Bindung stärken und ausmachen. Du kannst deinem Hund damit gar nicht schaden.

Damit Zuneigung im Alltag nicht untergeht, kannst du dir Kuschel-Rituale zunutze machen. Somit haben du und dein Hund immer einen Moment, den ihr ganz besonders genießt und auf den ihr euch beide freut. Mein Kuschel-Ritual mit Finn findet meist morgens nach dem Aufstehen und abends vor dem Zubettgehen statt. Abends stelle ich das Körbchen aus dem Wohnzimmer ins Schlafzimmer neben mein Bett. Die nächsten zehn Minuten gehören nur uns, das Handy ist im Flugmodus. Keine zwei Sekunden später liegt Finn auf dem Rücken und streckt alle viere von sich. Das ist für mich die Einladung zum Kuscheln. Ich setze mich neben ihn und kraule langsam seinen flauschigen Bauch. Am liebsten massiere ich jedoch seine weichen Öhrchen, das genießt auch Finn am meisten. In dieser Zeit steht die Welt für einen kurzen Moment still, und es gibt nur uns. Zum Abschluss kuscheln wir Nase an Nase, und Finn bekommt einen Kuss auf seine Stirn.

Von allen drei Säulen der Mensch-Hund-Bindung wird die Zuneigung häufig am meisten unterschätzt. Gleichzeitig ist es auch die, die am meisten Freude bereitet. Letztendlich wurden unsere Hunde ja auch so domestiziert, dass sie die Nähe und das Zusammensein mit uns Menschen schätzen. Somit liegt das Bedürfnis nach Zuneigung in der Natur des Hundes.

Nach Zuneigung zu suchen oder seinen Bindungspartner danach zu fragen bzw. ihn dazu aufzufordern hat nichts mit Schwäche zu tun. Man ist kein »schwacher Hundehalter« mit schlechten Führungsqualitäten.

Wird das Bedürfnis nach Zuneigung zu gering oder gar gar nicht erfüllt, kann dies das gesamte Fundament der

Mensch-Hund-Bindung ins Wanken bringen. Durch permanentes Unterdrücken oder Ignorieren des Wunsches nach Nähe wird sich der Hund zuerst verunsichert fühlen und dann mehr und mehr auf Distanz gehen. Er lernt dadurch auch, dass es sich nicht lohnt, sich an seinem Menschen zu orientieren oder mit ihm in Interaktion zu treten.

Sich gegenseitig anzuerkennen, Zuneigung zu vermitteln und diesen Anfragen nach Zuneigung auch mal nachzukommen ist also ein wesentlicher Bestandteil des gegenseitigen Verständnisses füreinander und des Zusammenlebens. Und genau dieses Gefühl suchen wir ja auch oftmals in der Beziehung zu unserem Hund.

Die Zuneigung als wesentlicher Bestandteil der 3. Säule sollte deshalb stets berücksichtigt und in den Alltag integriert werden. Es ist wichtig, dass alle Säulen ausgeglichen sind.

EINE KLARE KOMMUNIKATION ERLEICHTERT UNS UND UNSEREM HUND DEUTLICH DAS ZUSAMMENLEBEN

Um unseren Hund anzuerkennen und ihn wertzuschätzen, bedarf es nicht nur Zuneigung, sondern auch Anerkennung in Form von verbalem Lob und einer klaren Kommunikation.

Wenn es etwas gibt, was wir von unseren Hunden lernen dürfen, dann ist es klare und faire Kommunikation. Hunde kommunizieren untereinander direkt, frei und vor allem immer authentisch. Ihre Kommunikation lässt selten Spielraum für Missverständnisse.

Damit dies auch zwischen Mensch und Hund funktioniert, ist es wichtig, dass wir die Sprache unseres Hundes lesen und verstehen können. Sowohl wir als auch unsere Hunde nehmen dauerhaft Informationen auf, welche wir verarbeiten, um uns an die ständig wechselnden Umweltbedingungen anzupassen. Paul Watzlawick sagte: »Man kann nicht nicht kommunizieren, denn jede Kommunikation (nicht nur mit Worten) ist Verhalten, und genauso, wie man sich nicht nicht verhalten kann, kann man nicht nicht kommunizieren.«[11]

Kommunikation ist einfach alles. Sowohl positiv als auch negativ. Kommunizieren wir als Sender mit einem anderen Lebewesen (Empfänger), können wir sein Verhalten durch Signale beeinflussen. Es gibt verschiedene Arten von Signalen, wie zum Beispiel optische, akustische oder chemische.

Zu den optischen Signalen gehören Körperhaltung, Mimik und Gestik. Akustische Signale sind Lautäußerungen wie Bellen, Knurren und Jaulen. Zu den chemischen Signalen gehören Duftstoffe und Pheromone.

Wenn wir lernen, auf Augenhöhe und ehrlich mit unserem Hund zu kommunizieren, trägt dies wesentlich zu einer glücklichen und harmonischen Mensch-Hund-Bindung bei, und es kommt zu weniger Missverständnissen. Kommunikation beginnt oft schon, bevor wir sie wahrnehmen: Körpersprache, Gestik, Blicke, Tonlage – alles spielt eine Rolle. Wenn unsere Hunde merken, dass wir mit unserem Kopf nicht bei der Sache sind, verringert sich die Bereitschaft, sich an uns zu orientieren. Das bedeutet nicht, dass wir unseren Hund ständig im Blick behalten sollen und das umgekehrt auch nicht von unseren Hunden erwarten können. Jedoch dürfen wir bewusst auf unsere Hunde achten und zwischendurch in Interaktion mit ihnen gehen und kommunizieren.

Um ein Gefühl dafür zu bekommen, wie viel Aufmerksamkeit dir dein Hund tatsächlich schenkt, ohne dass du es wahrnimmst, probier es mal mit folgender Übung:

Steck dir bei der nächsten Spazierrunde zehn Leckerlis in die rechte Hosen- oder Jackentasche. Jedes Mal, wenn dein Hund dir einen Blick zuwirft oder seinen Körper in deine Richtung dreht, steckst du ein Leckerli von der rechten in die linke Tasche und schenkst deinem Hund ein Lächeln. Du wirst vielleicht überrascht sein, wie viele Leckerlis du am Ende in der linken Tasche finden wirst! Wenn du das ein paarmal gemacht hast, wirst du feststellen, dass du deine Achtsamkeit in Bezug auf die Kommunikation und die gegenseitige Wahrnehmung schulst.

Für ein noch tieferes Verständnis für die Sprache deines Hundes empfehlen wir dir, deinen Hund für eine gewisse Zeit genau zu beobachten. Filme dafür möglichst einmal täglich sieben Tage die Woche deinen Hund in verschiedenen Situationen. Zum Beispiel auf dem Spaziergang, während es an der Tür klingelt, wenn du Besuch empfängst, nach einer Spieleinheit, während des Trainings, vor der Fütterung etc. Durch diese Beobachtungen lernst du deinen Hund auf eine andere Art und Weise kennen. Werte alle Videosequenzen aus, indem du schriftlich festhältst, welche Verhaltensweisen dein Hund aufzeigt. Es geht nur ums Beobachten, nicht ums Bewerten. Wir möchten lediglich, dass du deinen Blick schulst und die Signale erkennst, welche dir dein Hund sendet.

Ich hatte mal eine Kundin, die völlig verzweifelt war, weil ihr Australian-Shepherd-Rüde einfach nicht »gehorchen« wollte. Er behandelte sie auf Spaziergängen wie Luft, und es bestand gar keine Verbindung mehr zwischen beiden. Tägliche Spaziergänge wurden zur Qual. Sie hatte schon versucht, ihn mit einer Wasserflasche von äußeren Reizen abzulenken, um dann seine Aufmerksamkeit einzufangen, jedoch verschlimmerte es das Ganze nur. Wir trafen uns einige Tage später an einem Waldstück, um dort gemeinsam spazieren zu gehen. Ich wollte mir einen Überblick über die Situation verschaffen und das Mensch-Hund-Team kennenlernen.

Die Halterin freute sich, endlich das Problem angehen zu können, jedoch merkte ich schnell, dass sie nicht ganz bei der Sache war. Sie war mit ihren Gedanken überall, nur nicht bei sich und ihrem Hund. Ich bat sie, sich so zu verhalten, wie sie es auch sonst auf den Spaziergängen tat. Sie nahm die Führleine kurz und stramm in die Hand, und mit einem energischen »Bei mir« lief sie los. Tatsächlich war der Hund nur mit der Nase im Außen unterwegs, da die Reize hier viel größer waren. Aber auch Frauchen orientierte sich nur im Außen, anstatt sich auf Elmo und ihren Weg zu konzentrieren.

Immer wieder rief sie ihn mit schroffer Stimme zu sich. Er zeigte sich davon jedoch total unbeeindruckt und ging seiner Motivation nach. Die Halterin war tatsächlich in vielen Momenten abgeschrieben, und ich konnte die Verzweiflung in ihren Augen sehen.

Wir hielten gemeinsam an und machten zunächst eine Atemübung, damit sie sich etwas entspannen und klare Gedanken fassen konnte. Ich erklärte ihr, dass ihr Hund nur so aufmerksam sei, wie sie es ist. Sobald unsere Hunde merken, dass wir mit unserem Kopf nicht bei der Sache sind, verringert sich die Bereitschaft, sich an uns zu orientieren. Das bedeutet nicht, dass wir immer zu 100 % unseren Hund mit unserem Blick verfolgen und beobachten sollen und das auch nicht von unseren Hunden erwarten können, jedoch dürfen wir bewusst auf unsere Hunde achten und zwischendurch in Interaktion mit ihnen gehen und kommunizieren.

Kommunizieren ist hier auch schon das Stichwort. Denn das taten die beiden schon auf ihre Art und Weise, nur eben aneinander vorbei. Es stimmte auch nicht ganz, dass Elmo seiner Halterin NIE seine Aufmerksamkeit schenkte. Hin und wieder schaute er, wenn er an längerer Leine war, zu ihr zurück. Doch die Halterin nahm diese Geste gar nicht mehr wahr. Daher gab ich ihr die oben beschriebene Übung mit den zehn Leckerlis an die Hand, die in erster Linie ihr anstatt dem Hund galt. Sie sollte wieder wahrnehmen lernen, wie viel Aufmerksamkeit ihr Hund ihr in Wahrheit schenkte.

Jedes Mal, wenn Elmo ihr ab sofort einen Blick zuwarf oder seinen Körper in ihre Richtung drehte, sollte sie ein Leckerli aus der rechten Hosentasche in die linke Hosentasche stecken und ihm ein Lächeln schenken. Zur Überraschung der Halterin befanden sich nach dem Spaziergang acht von zehn Leckerlis in ihrer linken Hosentasche! Sie erkannte, dass sie diejenige gewesen war, die dem Hund keine Aufmerksamkeit mehr geschenkt hatte. Nach ein paarmal üben liefen die Spaziergänge der beiden wieder gemeinsam, ohne größere Probleme ab, und sie kommunizierten wieder miteinander.

Gründe, warum Kommunikation häufig nicht funktioniert, können sein:

♦ Menschen interpretieren das Verhalten des Hundes gerne aus »Menschensicht«. Dem Hund werden zu viele menschliche Attribute auferlegt, die er nicht erfüllen kann.

♦ Wir haben keine Geduld, uns in der Sprache der Hunde zu üben. Den Hund lesen zu können benötigt Zeit.

♦ Man führt eine Übung technisch richtig aus, steht aber emotional nicht dahinter.

Auch die Art und Weise, wie du mit deinem Hund kommunizierst, ist wichtig. Es gibt diverse Gründe, warum Hunde ein Verhalten nicht ausführen. Zum einen kann es sein, dass er das Signal akustisch nicht wahrgenommen hat, dass zu viele Reize um ihn herum sind und er aufgrund von zu vielen Ablenkungen das Signal noch nicht ausführen kann. Zum anderen vielleicht auch deshalb, weil wir durch unsere Körpersprache und Lautsprache zu viel Druck aufbauen und er dadurch in einen Stresszustand versetzt wird.

Kommunizieren wir klar, mit einer ruhigen Energie und ohne Druck, wird sich unser Hund vermehrt an uns orientieren und gerne mit uns in Interaktion treten. Er fühlt sich von uns verstanden und versteht im Umkehrschluss auch, was wir von ihm im Alltag oder Training verlangen. Dieses Sich-verstanden-Fühlen gibt nicht nur uns Haltern ein gutes und sicheres Gefühl, sondern auch unserem Hund. Je klarer du dir in deinem Handeln bist, desto klarer bist du in der Kommunikation gegenüber deinem Hund. Eine klare, deutliche und ruhige Aussprache vermittelt deinem Hund Sicherheit, und du strahlst zudem Vertrauen aus. Es ist ein Irrtum zu glauben, dass unsere Hunde uns besser verstehen oder erwünschte Verhaltensweisen schneller ausführen würden, wenn wir laut und energisch mit ihnen sprechen. Fällt es uns nicht auch leichter, Dinge auszuführen, wenn wir freundlich darum gebeten werden? Warum kommunizieren wir dann nicht auch genauso mit unseren Hunden?

Wie Hunde kommunizieren

Wir Menschen neigen dazu, mit unseren Hunden durch viele Worte kommunizieren zu wollen. Das ist verständlich, da wir untereinander ja hauptsächlich mit Worten kommunizieren. Wir vergessen jedoch, dass unsere Hunde unsere Worte als solche nicht verstehen. Sie hören nur die Intonation des gesprochenen Wortlautes heraus. Signale müssen, damit unser Hund diese auch versteht, erfolgreich konditioniert und generalisiert werden. Kurz zum Verständnis: Konditionierung bedeutet, dass der Hund unbewusst einen bisher für ihn neutralen (unbedeutenden) Reiz mit einem Reiz, der bei ihm automatisch eine Reaktion (einen Reflex) auslöst, verknüpft. Generalisierung bedeutet, dass der Hund das erlernte Verhalten in verschiedenen Situationen und Umgebungen zuverlässig zeigt.

Es bringt also überhaupt nichts, willkürlich mit Worten, die unser Hund nicht versteht, um uns zu werfen, sie immer häufiger und lauter zu wiederholen und irgendwann frustriert zu sein, wenn der Hund die erwünschten Verhaltens-weisen nicht ausführen will. Hunde kommunizieren haupt-sächlich auf nonverbaler Ebene und in so feinen Nuancen, dass dies für den ungeschulten Blick oftmals nicht gleich er-sichtlich ist. Wenn du deinen Hund am Anfang nicht gleich lesen kannst, ist das nicht schlimm. Dies bedarf der Übung und Wiederholung. Hunde nutzen ihren ganzen Körper, um sich auszudrücken. Die Gestik wird durch Körperhaltung, Körperbewegung, Kopfhaltung und Rutenhaltung bestimmt. Die Mimik drückt sich durch Augen, Ohren, Stirn, Nasenrü-cken, Mundwinkel und Blickkontakt aus. Dies erlernen sie schon im Welpenalter mit ihren Geschwistern und durch die Elterntiere. Sie gewöhnen sich so an die hündischen Um-gangsformen.

Die Schwierigkeit für uns Halter besteht auch darin, un-sere Hunde nicht zu vermenschlichen. Sie können uns zwar lesen, jedoch liegt es in unserer Verantwortung, die Spra-che der Hunde zu erlernen, um so auf Augenhöhe mit ih-nen kommunizieren zu können. Nur wenn wir klar kommu-nizieren, sind wir ein zuverlässiger Bindungspartner, weil Klarheit in unserer verbalen und nonverbalen Sprache Si-cherheit ausdrückt und unser Hund sich somit wieder an uns orientieren kann. Beobachte deinen Hund und lerne ihn auf allen Ebenen zu verstehen, um mehr Klarheit in dein Mensch-Hund-Team zu bringen und weniger Missverständ-nisse zu schaffen.

NONVERBALE KOMMUNIKATION
MIT DEINEM HUND

Wusstest du, dass Hunde ständig damit beschäftigt sind herauszufiltern, welche der Signale, die wir aussenden, für sie bestimmt sind? Hunde sind in der Lage, unsere komplizierten Kommunikationsmuster zu deuten, und versuchen uns zu verstehen.

Deshalb ist es wichtig, dass du dir die nonverbale Kommunikation im Alltag zunutze machst.

Gehe also mit deinen Gesten – Handgeste, Armgeste, Schulter, Oberkörper und allgemein deiner Körperhaltung – klar und gezielt um. Damit zeigst du deinem Hund, dass deine Bewegungen einen Sinn haben. Je wilder du mit deinen Armen wedelst, desto stärker verunsicherst du deinen Hund. Nutze auch den Augenkontakt mit deinem Hund. Dieser stärkt nicht nur eure Bindung, sondern zeigt dir auch an, dass dein Hund seine Aufmerksamkeit vollends auf dich richtet.

Unsere Hunde schauen zuallererst auf unsere Körpersprache, bevor sie überhaupt auf Worte reagieren oder diese registrieren. Deshalb müssen deine Signale klar und unmissverständlich sein.

Durch den oft unbewussten Einsatz unserer Körpersprache vermitteln wir unserem Hund sehr viel mehr, als wir denken. Wichtig ist also, dass du deine Körpersprache bewusst wahrnimmst und anfängst, sie aktiv zu steuern. Du solltest zum Beispiel auch darauf achten, wie du dich bewegst, während du gerade nicht mit deinem Hund aktiv kommunizierst.

Wie sprichst du mit deinem Hund in entspannten Situationen? *(Fein, hohe Stimme, leise, zart, flüsternd, normal etc.)*

_____

_____

_____

_____

_____

Wie sprichst du mit deinem Hund in angespannten Situationen? *(Schroff, laut, genervt etc.)*

_____

_____

_____

_____

_____

Wie ist deine Körperhaltung in entspannten Situationen? *(Entspannt, Schultern hinten unten, locker in den Knien etc.)*

_____

_____

_____

_____

_____

Wie ist deine Körperhaltung in angespannten Situationen? *(Steif, starr, hochgezogene Schultern, nach vorne gebeugt etc.)*

_____

_____

_____

_____

_____

Entscheide dich auch in stressigen Situationen, fair, klar und ohne Druck mit deinem Hund zu kommunizieren. Der erste Schritt ist, zu erkennen, dass du gerade angespannt bist. Wenn du erkannt hast, dass du gerade angespannt und nicht entspannt bist, kannst du es bewusst verändern. Mach dir hier aber bitte nicht zu viel Druck. Auch die Veränderungen von einem angespannten zu einem entspannten Zustand bedürfen Zeit und Geduld. Glaub uns, es wird einen Unterschied in deiner Mensch-Hund-Bindung machen!

Tipps zum Ausdrucksverhalten gegenüber Hunden

- Sich über den Hund beugen stellt eine Bedrohung dar. Setze dich stattdessen in Höhe deines Hundes, dies wirkt einladender auf ihn.
- Viele Hunde mögen es nicht, direkt auf dem Kopf gestreichelt zu werden. Unter dem Kopf, am Nacken, der Brust gefällt es den meisten Hunden besser.
- Blicke fremden Hunden nicht direkt in die Augen. Schaue stattdessen leicht an ihnen vorbei.
- Geh nicht frontal auf andere Hunde zu, dies können sie als Bedrohung wahrnehmen. Nähere dich stattdessen in einem Bogen an.
- Hunde nicht plötzlich von hinten umarmen oder sie erschrecken. Den Hund bitte nur umarmen, wenn er dies als angenehm empfindet.

Es ist nicht ungewöhnlich, dass dein Hund erst mal verwirrt auf bewusste nonverbale Kommunikation reagiert, wenn du zuvor nur verbale Anweisungen gegeben hast. Er hat gelernt, dass deine Körpersprache als Kommunikationsmittel für ihn nicht zuverlässig ist. Vielleicht hast du auch zu einem Signal mehrere Gesten gemacht. Gib deinem Hund Zeit, sich durch stetige Wiederholungen an die neue Kommunikation zu gewöhnen.

Hunde können sogar unsere Stimmung anhand unserer Körperhaltung, an der Intensität unserer Bewegungen und an dem Grad unserer Anspannung ablesen. Wenn du nun versuchst, deine eigentliche Stimmung zu überspielen, stimmen Ausdruck und Stimmung nicht miteinander überein, was deinen Hund verwirren kann. Stell dir diese Situation mal aus Sicht deines Hundes vor. Stell dir vor, wie du auf deinen Hund wirkst. Achte dabei auf deine Körperhaltung, Bewegungen, Stimmlage und -lautstärke, Körperspannung und deine Mimik. Oftmals kannst du so schon Missverständnisse in der Kommunikation aufklären. Uns Menschen ist die Wirkung unserer Körpersprache oft nicht bewusst, dies kannst du jedoch durch Reflektieren und Üben ändern.

GEWALTFREI KOMMUNIZIEREN

Der US-amerikanische Psychologe Marshall B. Rosenberg entwickelte das Konzept der gewaltfreien Kommunikation. Er ließ sich hierzu von Mahatma Gandhis Gedanken zum Thema Gewaltlosigkeit inspirieren. Er prägte den Satz:»Die Antwort auf die Frage nach der Ursache von Gewalt liegt in der Art und Weise, wie wir gelernt haben, zu denken, zu kommunizieren und mit Macht umzugehen.«[12]

Gewaltfrei und auf Augenhöhe zu kommunizieren bedeutet Training ohne das Hinzufügen von Schmerzen, ohne Leinenruck, Strom- oder Stachelhalsband, ohne den Hund zu treten, anzuschreien oder ihn so zu bedrängen, dass er keinen Ausweg mehr weiß. Ich könnte noch viel mehr aufzählen.

Gewaltfreie Kommunikation geht aber darüber hinaus, denn auch unsere (Körper-) Sprache enthält viel öfter Gewalt, als uns bewusst ist. Hast du deinen Hund auch schon mal »Blödmann« oder »Zicke« genannt und dabei mit dem Fuß aufgestampft, weil er sich auf dem Nachhauseweg schlecht benommen hat? Uns allen ist das schon passiert, und an sich ist das auch nichts Schlimmes. Was uns jedoch bewusst sein muss, ist, dass unser Hund in diesem Moment unserer Frustration ausgesetzt ist. Wir betrachten das Verhalten unseres Hundes nun nicht mehr neutral, sondern nehmen es persönlich. Dabei haben wir ihm nicht rechtzeitig oder verständlich vermittelt, was er hätte richtig machen sollen.

Gewaltfrei mit dem Hund zu kommunizieren bedeutet, auch die Verantwortung für sich selbst zu übernehmen und zu erkennen, dass es in unserer Macht liegt, wie wir auf die Stimmung des jeweiligen Gegenübers reagieren.

Wir können zu unseren Hunden auch mal Sorry, Bitte oder Danke sagen. Zwar hat das Wort an sich keine Bedeutung für den Hund. Aber durch unsere Mimik, Gestik, Körpersprache und auch durch unsere Energie kann unser Hund verstehen, was damit gemeint ist. Trete ich beispielsweise auf dem Spaziergang versehentlich auf die Schleppleine, dann entschuldige ich mich sofort, bin sanft und beschwichtigend in meinem Ausdrucksverhalten. Damit mache ich meinem Hund in meiner ganz ehrlichen und authentischen Art klar, dass ich gerade keine seiner Verhaltensweisen durch einen Tritt auf die Schleppleine korrigieren oder abbrechen wollte, er also nichts falsch gemacht hat. Diese Differenzierung ist auch wichtig für eine klare Kommunikation und dadurch für ein erfolgreiches Training.

AUTHENTISCH BLEIBEN

Kennst du das auch, dass du eine andere Stimmlage annimmst, wenn du mit deinem Hund kommunizierst? Dabei musst du weder mit hoher, piepsiger Stimme sprechen, nur damit dir dein Hund mehr Beachtung schenkt, noch laut oder schroff werden. Sprich am besten in der Tonart, in der du dich wohlfühlst. Als Finn bei mir einzog, durfte ich lernen, mich wieder meiner natürlichen und sanften Aussprache anzunehmen. Finn ist sehr sensibel und schnell eingeschüchtert, wenn ich auch nur ein Wort mit etwas mehr Nachdruck ausspreche. Achte also nicht nur darauf, wie es sich für dich anfühlt, sondern passe die Art und Weise deiner Kommunikation auch an deinen Hund an.

Sei du selbst, ohne anderen Hundehaltern gefallen zu wollen. Wenn dir danach ist, mit einer hohen Stimme mit deinem Hund zu sprechen, dann tu es. Genau das macht authentische Kommunikation aus. Erlaube dir, alle Facetten deines Seins als Mensch und Hundehalter zu zeigen.

3 Tipps für eine klare Kommunikation mit deinem Hund

Auf Hundeebene kommunizieren

Dein Hund ist kein Mensch, und du bist kein Hund. Wir als Halter können die Kommunikation unserer Hunde anhand ihrer Körpersprache und Laute verstehen lernen. Nimm dir die Zeit, deinen Hund immer wieder zu beobachten. Beschäftige dich mit dem Audrucksverhalten von Hunden, um deinen Hund zu verstehen.

Strukturen und Rituale

Sie führen zu einer klaren Kommunikation zwischen dir und deinem Hund. Aufgrund der immer wiederkehrenden Handlungen laufen die Verhaltensweisen beim Hund automatisch ab. Jeder weiß, was zu tun ist, weil die einmal festgelegten Abläufe Klarheit mit sich bringen.

Gib deinem Hund Feedback

Möchtest du, dass dein Hund ein Verhalten öfter und gerne ausführt, dann bringe deinem Hund Wertschätzung in Form von Feedback entgegen. Dieses »Dankeschön« kann viele Formen haben und hängt natürlich von den Vorlieben deines Hundes ab. Dabei ist egal, ob positives Verhalten mit einem Leckerli, einem Spiel, einer Streicheleinheit oder einem Lächeln verstärkt wird. Erkennst du deinen Hund für seine Leistung an, versteht er schneller, welches Verhalten erwünscht ist. Gib ihm auch hier wieder eine klare Anweisung, damit er die Chance hat, richtiges Verhalten ausführen zu können.

Sei ehrlich zu dir selbst und zu deinem Hundetrainer, wenn du dich mit einer Übung nicht wohlfühlst. Beobachte auch deinen Hund. Zeigt er Unwohlsein? Wie bewegt er sich, wenn er ein Signal nicht versteht oder umsetzen kann? Passe die Übung mithilfe deines Hundetrainers so für dein Mensch-Hund-Team an, dass ihr euch beide wohlfühlt und du wieder authentisch kommunizieren kannst. Du lernst mit der Zeit deinen Hund und seine Verhaltensmuster in- und auswendig kennen. Dies geschieht jedoch auch andersherum. Eine Studie zeigt, dass Hunde ihre Verhaltensmuster an ihren Menschen anpassen.[13] Dein Hund merkt also, wenn du ein Signal nicht verstehst, und passt seine eigene Körpersprache daraufhin an. Er möchte, dass seine Botschaft ankommt.

Setze dich nicht unter Druck, und genieße in erster Linie die Zeit mit deinem Hund. Stehst du unter Druck und bist angespannt, wird die Bereitschaft zu Blickkontakt oder anderen Formen der Aufmerksamkeit eher sinken. Zudem passen wir unsere Tonlage an und sind in unserer Aussprache und unserem Verhalten in der Kommunikation nicht mehr authentisch. Also atme tief durch und versuche dich zu entspannen.

»Jeder von uns ist einzigartig und richtig.
Denn wenn wir nicht richtig wären,
wären wir jemand anders.«

KAPITEL 8
DIE MACHT DER
Stimmungsübertragung

Es war ein langer, anstrengender Arbeitstag gewesen, und ich saß bis spätabends noch am Esstisch vor dem Laptop und wollte gerade die letzte Mail beantworten. Finn schlummerte derweil neben mir ganz friedlich in seinem Körbchen – ach, wie gerne hätte ich mich dazugelegt! Ich wollte jedoch noch die Zusammenfassung des heutigen Coachings fertigstellen und danach mit klaren Gedanken ins Bett gehen. Meine Coachingauswertungen speicherte ich dazu immer auf meiner externen Festplatte. Gerade als ich das Dokument öffnen wollte, stürzte meine Festplatte ab. Nichts ging mehr, und es schien so, als seien alle meine wichtigen Kundeninformationen, Coaching-Pläne und sogar die Welpenfotos von Finn und Samu verloren. Mein Herz schlug mir bis zum Hals! Ich bekam kaum Luft, und es fühlte sich an, als würde mir gerade etwas die Kehle zudrücken. Da war sie wieder – die Panikattacke, die ich doch eigentlich so gut im Griff hatte … Ich versuchte zu atmen und zu retten, was noch zu retten war, doch meine gesamten Dokumente waren weg. Ich spürte, wie Übelkeit in mir aufstieg und musste mich zusammenreißen, um nicht zur

Toilette zu rennen und mich zu übergeben. In diesem Moment wachte Finn auf, stieg aus seinem Körbchen, stellte sich neben mich, und wie aus dem Nichts heraus kotzte er mir vor die Füße.

Für einen kurzen Moment war ich so perplex, dass ich die Situation mit der Festplatte vergaß und mich erst mal nur um ihn kümmerte. Ich war immer noch aufgeregt und rannte in die Küche. Natürlich fand ich es ungewöhnlich, dass Finn einfach ohne Anzeichen sein ganzes Futter ausspuckte. Ich tastete gleich seinen Bauch und Magen ab – das mache ich seit seiner Magendrehung immer, um zu schauen, ob dieser aufgebläht ist. Tatsächlich war jedoch alles in Ordnung. Trotzdem setzte ich einen Fencheltee auf und weichte darin Dinkelzwieback ein. Nach und nach legte sich mein Stress. Ich vergaß meine kaputte Festplatte komplett, klappte einfach mein MacBook zu und ging mit Finn noch eine kleine Runde an der frischen Luft spazieren.

Erst als ich im Bett lag, den Abend reflektierte und hinterfragte, warum Finn genau an diesem Abend spucken musste, obwohl er eigentlich nichts Falsches gegessen hatte, fiel es mir wie Schuppen von den Augen. Mir wurde bewusst, dass er zu diesem Zeitpunkt einfach nur meine Stimmung gespiegelt hatte.

Ich hatte zwar schon öfter über Stimmungsübertragung bei Mensch und Hund gelesen, gesprochen, sie auch in Situationen zwischen Finn und Samu erkannt, jedoch noch nie so stark wahrgenommen wie an diesem Abend. Ich wusste, dass Finn und ich eng miteinander verbunden sind. Ich wusste auch, dass er, wenn ich schlechte Laune habe oder es mir nicht gut geht, sich des Öfteren meiner Stimmung annimmt. Doch dass er sich wirklich »für mich« übergibt, hatte ich in all den Jahren, in welchen er bei mir ist, noch nie erlebt! Ich selbst hatte die Macht der Stimmungsübertragung auf eine neue Art und Weise kennengelernt.

Die Stimmungsübertragung ist ein wichtiges Kernelement in der Mensch-Hund-Bindung. Denn manchmal haben wir mehr Gemeinsamkeiten mit unseren Hunden, als wir denken. Sie sind ebenso soziale Wesen, und unsere gemeinsame Geschichte hat nach der Domestikation Spuren hinterlassen. Laut der Verhaltensbiologin Iris Schöberl haben Hunde durch das Zusammenleben mit uns gelernt, unsere Mimik und unser Verhalten zu lesen, und können daher unsere Gefühle sehr gut einschätzen. Des Weiteren tun sich Hunde leichter mit dem Stressabbau und sind entspannter, wenn wir als Halter ein positives Mindset haben und positiv gestimmt sind. Stimmungsübertragung ist ein wahnsinnig tolles Tool, welches sich zu verstehen lohnt, damit auch du es im Zusammenleben mit deinem Hund anwenden kannst.[14]

EMPATHIE BEIM HUND – WIE STIMMUNGSÜBERTRAGUNG FUNKTIONIERT

Doch wie funktioniert Stimmungsübertragung denn eigentlich genau, und wie äußert sie sich? Die Stimmungsübertragung liegt zunächst einmal in der Natur des Hundes. Wenn sich die Motivation von einem Hund auf den anderen überträgt und dies dazu führt, dass beide Hunde zur selben Zeit gleich reagieren, das Verhalten sich also synchronisiert, spricht man von einer Stimmungsübertragung. Hast du vielleicht zwei oder mehrere Hunde? Dann wird dir nachfolgendes Beispiel bestimmt bekannt vorkommen: Beide Hunde schlafen tief und fest. Der eine von den beiden wacht auf, da er was gesehen oder gehört hat. Dabei fängt er an zu knurren oder zu bellen. Der zweite Hund, der überhaupt keine Ahnung hat, was gerade passiert ist – weil er ja geschlafen hat –, steigt jedoch gleich mit ein und bellt mit.

Oder aber du bist mit deinem Hund in der Hundeschule und trainierst in einer Gruppe mit anderen Mensch-Hund-Teams. Plötzlich fängt einer der fünf Hunde in der Gruppe an zu bellen, und alle anderen steigen mit ein. Genau das ist Stimmungsübertragung! Die anderen Hunde wissen gar nicht, warum der eine Hund anfängt zu bellen, jedoch steigen sie sofort mit ein.

Es gibt zahlreiche Forschungen, die erklären, wie Gedanken unser Handeln beeinflussen. Positive und negative Emotionen können sich auf unsere Vierbeiner übertragen, das belegen Forschungen, die herausgefunden haben, dass Hunde Empathie empfinden können.[15] Hunde leben seit Jahrhunderten mit uns Menschen zusammen, daher ist es nicht verwunderlich, dass sie sich in nahestehende Personen hineinversetzen können. Des Weiteren geht man davon aus, dass Hunde auch sogenannte Spiegelneuronen besitzen. Durch diese Nervenzellen kann sich der Hund durch bloßes Beobachten in Gefühle und Handlungen anderer Hunde und Menschen hineinversetzen.

Die Spiegelneuronen befinden sich in Hirnbereichen, die für Bewegung, Berührung und Gefühle zuständig sind. Aktiv werden diese speziellen Nervenzellen, wenn ein Hund einen anderen bei einer Tätigkeit beobachtet. Die Spiegelneuronen zeigen dann genau das Aktivitätsmuster, das sonst beim tatsächlichen Ausführen einer Handlung feststellbar ist, wie zum Beispiel beim Lernen durch Nachahmung. Lange dachten Forscher, dass Hunde nur das Handeln anderer Lebewesen spiegeln. Heute wird jedoch vermutet, dass die Spiegelneuronen auch daran beteiligt sind, wenn es um Emotionen und Gefühle geht.

Auch unter uns Menschen funktioniert die Stimmungsübertragung. Lass mich dir dies anhand eines einfachen Beispiels erklären: Was tust du, wenn dein Freund, deine Freundin oder irgendjemand in deiner Nähe gähnt? Ganz genau, du musst auch gähnen! Eine Theorie besagt, dass das Gähnen ein Zeichen des Zusammenhalts innerhalb einer Gruppe ist. Was hat das mit der Stimmungsübertragung zu tun? Dass uns das Gähnen ansteckt, liegt wieder an den eben genannten Spiegelneuronen.

Stimmungsübertragung läuft also unbewusst ab. Gefühle kommen und gehen und bleiben in der Regel nur für ein paar Sekunden bestehen, wenn wir sie nicht gerade festhalten. Viel zu oft lassen wir Hundehalter uns jedoch von ihnen leiten, statt sie einfach ziehen zu lassen, was wiederum unser Handeln beeinflusst. Unsere Gefühle und Handlungen übertragen sich schließlich auf unseren Hund, welcher anschließend dementsprechend reagiert.

WIE STIMMUNGSÜBERTRAGUNG FUNKTIONIERT

Wir Menschen sind da natürlich etwas komplexer. Wir bewerten sämtliche Situationen, worauf wir mit einem positiven oder negativen Gefühl reagieren. Wir sind es, die den

Dingen ihre Bedeutung geben, auch im Zusammenleben mit unseren Hunden. Wir bestimmen, ob etwas positiv oder negativ ist.

Unsere Hunde spüren, wie es uns geht. Ihnen können wir nichts vormachen. Sie sind die ehrlichsten Geschöpfe auf der Erde und zeigen uns das, wovor wir selbst nur zu gerne die Augen verschließen. Als empfindsamer Mensch spüre ich die Gefühle anderer sehr schnell und nehme sie ganz oft unbewusst an. Fühle ich mich unwohl oder habe unbewusst negative Emotionen von anderen angenommen, wird dies für mich meist erst sichtbar, wenn sich Finns Verhalten verändert. Er zeigt sich dann angespannt, knabbert vermehrt an seinem Fell oder aber kann sich nicht mehr lösen. Lass deinen Hund doch mal ganz bewusst zu deinem Spiegel werden, durch den du erkennst, wann du mal wieder verstärkt auf dich selber achten solltest.

Aber auch umgekehrt findet dieses Phänomen statt. Wenn unsere Hunde glücklich sind, sind wir es ebenfalls und nehmen eine gelassene Haltung ein. Hunde sind mit ihrem entspannten Auftreten deshalb auch besonders gut geeignet für tiergestützte Therapieformen.

Diese Form der Kommunikation können wir uns im Alltag und im Training mit unserem Hund zunutze machen.

Lerne deinen Hund auf emotionaler Ebene kennen

Einer der Schlüssel, um mit deinem Hund eine tiefere Bindung eingehen zu können, liegt in der emotionalen Kompetenz. Lerne deinen Hund auf der emotionalen Ebene näher kennen und vertiefe dadurch die Verbindung zwischen ihm und dir.

Emotionale Kompetenz ist unter anderem die Fähigkeit, die komplexen Zusammenhänge der emotionalen Prozesse in sich selbst zu kennen, um so in die Rolle eines wertfreien Beobachters zu treten. Denn nur dann kannst du neutral beurteilen und erkennen, wie es deinem Hund in dieser Situation wirklich geht, ohne dass du dich von deinen oder seinen Gefühlen beeinflussen lässt. Der innere Beobachter wertet nicht, greift nicht ein und lehnt nicht ab. Wenn wir es schaffen, uns mit dieser wertfreien Wahrnehmung zu verbinden, dann schaffen wir einen inneren Raum, in dem wir für einen kurzen Moment die Zeit anhalten können, weil wir vollends in unserer Mitte und mit uns neutral verbunden sind.

Lerne daher innezuhalten, und schule dich im »Nicht-sofort-Reagieren«. Dadurch wird es dir möglich sein, deine sonst unbewusst ablaufenden Reaktionen wahrzunehmen. Hierdurch deckst du deine Muster im Fühlen und Denken auf, kannst ihnen Freiraum geben und achtsamer entscheiden, welchen Impulsen du im Außen tatsächlich nachgehen und welche du lieber vorbeiziehen lassen möchtest.

Um zu einem wertfreien inneren Beobachter zu werden, stell dir vor, dass du zum Zuschauer eines Films wirst. Lass vor deinem inneren Auge eine bestimmte Situation mit deinem Hund wie auf einer Leinwand ablaufen. Die Ereignisse erscheinen und verschwinden vor deinem inneren Auge. Versuche dich immer wieder daran zu erinnern, dass dein innerer Beobachter nicht bewertet, sondern lediglich akzeptiert, welcher Film vor deinem inneren Auge abgespielt wird.

Du wirst feststellen, je länger du deine Gefühle und Gedanken wertfrei, jedoch achtsam betrachtest, desto stiller wird dein Geist werden. Nimm also liebevoll an, was gerade ist – denn egal was du fühlst, siehst und erkennst, alles darf sein.

Halte hier gerne deine Erkenntnisse fest:

Dadurch, dass du dir deiner Gefühle nun gewahr geworden bist und sie aus der Beobachterrolle wertfrei sehen kannst, gelingt es dir auch zu differenzieren, welche Gefühle dir selbst entspringen und welche du vielleicht nur spiegelst. So lernst du nach und nach zu erkennen, wo dein Hund emotionalen Support benötigt, und kannst ihm durch das bewusste Ausrichten deiner Gefühle in eine entspannte oder selbstsichere Stimmung auf dem Spaziergang oder in herausfordernden Situationen Sicherheit vermitteln und ihn unterstützen.

WARUM STIMMUNGSÜBERTRAGUNG IM TRAINING SINNVOLL IST

Ursprünglich sichert die Stimmungsübertragung das Überleben von Tieren in freier Wildbahn. Es gibt Situationen, in welchen es wichtig ist, dass eine Gruppe von Tieren an einem Strang zieht. Zum Beispiel, wenn eine große Gruppe von Tieren zeitgleich zur Flucht vor Raubtieren ansetzt, um dadurch ihr Leben zu retten. Stimmungsübertragung hilft, Gruppenziele gemeinsam umzusetzen. Diesen Instinkt kannst du auch für dein Hundetraining nutzbar machen.

Gerne möchte ich dir hier von einem Beispiel mit meiner Kundin Anna und ihrem Tierschutzrüden Timmy erzählen. Sie kam zu mir ins Einzelcoaching, um ihrem Hund mehr Sicherheit im Alltag und speziell bei Hundebegegnungen zu geben. Timmys Selbstvertrauen ging gegen null. Allem Neuen gegenüber war er recht zurückhaltend und unsicher. Im Einzelcoaching machten wir jedoch recht schnell Fortschritte, und er fing an, sich vermehrt an seiner Halterin zu orientieren und bei ihr Sicherheit zu suchen. Um ihn nun ein bisschen mehr aus seiner Komfortzone zu locken, vereinbarten wir einen Termin in meiner Gruppenstunde, in welcher ich Degility-Übungen anbot. Du kannst dir Degility wie eine Art Bewegungs- und Vertrauensübung für Hunde vorstellen. Viele Elemente stammen aus der Hundephysiotherapie, denn gleichzeitig können wir mit Wackelbrett, Gymnastikball, Labyrinth die Koordination und die Muskeln des Hundes stärken. In dieser Stunde ging es darum, ihn aus der Reserve zu locken. Er sollte lernen – mithilfe von Vertrauensübungen –, sich selbst zu vertrauen. Timmy durfte seine ersten Erfahrungen auf der Leiter machen. Diese legten wir auf den Boden, und er durfte lernen, mit seinen Pfoten auf die breiten Sprossen zu treten. Ohne Futter und jegliche äußere Motivation fiel es ihm sichtlich schwer. Er war aufgeregt und ein bisschen überfordert mit der Situation.

Uns war jedoch wichtig, dass er sich die ersten Sprossen selbst erarbeitet, ohne unser Zutun. Anna hatte Zweifel und konnte sich nicht vorstellen, dass Timmy jemals mit einer Pfote die Leiter berührte. Ich glaube, Anna und ich saßen zehn Minuten neben der Leiter und ließen Timmy ausprobieren. Er wollte, traute sich jedoch nicht. Ich bat Anna ganz bewusst, eine entspannte Haltung einzunehmen und ins Vertrauen zu gehen. Sie nahm ein paar tiefe Atemzüge, um erst mal bei sich anzukommen. Es war wichtig, dass sie sich ihrer Gefühle bewusst war und sich nicht von Timmys angespannter Stimmung beeinflussen ließ. Als sie mit ruhiger Stimme zu ihm sprach und selbst ganz entspannt und ohne Druck neben der Leiter saß, passierte es. Timmy stellte die erste Pfote auf die Sprosse. Wir mussten uns beide mit unserer Freude zurückhalten, um ihn nicht zu erschrecken. Sie lobte ihn mit ruhiger Stimme. Daraufhin setzte er die zweite Pfote auf die Sprosse. Wir trauten unseren Augen kaum. Als Anna ihre Zweifel losließ und Timmy einfach mal ausprobieren durfte, er ihre entspannte Stimmung spürte und sich in der Situation wohlfühlte, konnte er über seinen Schatten springen. Tatsächlich lief er am Ende der Stunde über die gesamte Leiter, als hätte er nie etwas anderes in seinem Leben getan. Wir freuten uns wie Schneekönige, und ich war so stolz auf das Mensch-Hund-Team. In dieser Stunde hatten wir den Grundstein für das Vertrauen gelegt. Tatsächlich berichtete mir Anna im weiteren Verlauf unseres Trainings, dass sich Timmy nun auch im Alltag und allgemein in neuen Situationen sicherer fühlte. Anna hatte gelernt, aktiv und bewusst ihre Stimmung einzusetzen und Timmy eine entspannte Haltung zu vermitteln, und Timmy hatte gelernt, sich selbst vertrauen zu können.

Zeigt dein Hund in irgendeiner Situation unsicheres oder ängstliches Verhalten, kannst du ihn mithilfe von Stimmungsübertragung unterstützen. Begib dich selbst in eine entspannte Haltung. Gib ihm das Gefühl, dass du die Situation unter Kontrolle hast und er sich an dir und deiner Stimmung orientieren kann. Mithilfe deiner entspannten Stimmung kann auch der Stresspegel deines Hundes sinken, und er wird – wenn du die Stimmungsübertragung hin und wieder bewusst in deinen Alltag integrierst – sich im Zusammenleben mehr auf dich einlassen können. Aus diesem Grund lege ich auch so einen großen Wert auf meine Rituale und Gewohnheiten. Denn hier starte ich schon ganz anders in den Tag. Viel entspannter und glücklicher. Das wirkt sich nicht nur auf mein Wohlbefinden aus, sondern trägt dazu bei, dass Finn und Samu richtig glücklich und zufrieden sind – das ist die beste Grundlage für ein erfolgreiches Training.

Tipps, um deine eigene Stimmung zu kontrollieren

- Finde Ruhe in einem Moment der Konzentration. Fokussiere dich auf den nächsten Schritt deiner Handlung.
- Bewege dich. Springe, renne, hüpfe. Muskelkontraktionen bauen Stresshormone ab. Aber auch andere körperliche Übungen entspannen uns und unseren Hund und verhelfen uns zu einem klaren Kopf.
- Atme! Gerade Atemübungen sind supereffektiv. Nimm einen tiefen Atemzug durch deine Nase, atme in deinen Bauch ein, und lass die Luft durch deinen Mund wieder raus. Atme dabei 3× kurz aus, als würdest du eine Kerze ausblasen. Den Rest der Luft lässt du entspannt aus deinem Mund fließen.
- Denk positiv. Erinnere dich an den letzten schönen Urlaub, an einen entspannten Moment mit deinem Hund etc.

Du erkennst also, dass Stimmungsübertragung sinnvoll für dich und deinen Hund ist, da sie euren Zusammenhalt und somit eure Mensch-Hund-Bindung enorm stärkt. Das Schöne ist, du hast es selbst in der Hand. Du selbst kannst in jeder Sekunde deines Lebens entscheiden, wie du dich fühlen möchtest. Durch eine positive Stimmung beeinflusst du deinen Alltag, weil du positive Dinge in dein Leben ziehst und auch dein Hund sich dieser Stimmung annimmt und entsprechend zufrieden reagiert. Dies wirkt sich wiederum positiv auf eure Mensch-Hund-Bindung aus, da du klarer im Umgang mit deinem Hund agierst und dein Alltag im Allgemeinen harmonischer verläuft.

MEIN HUND WEISS GANZ GENAU, WAS ER FALSCH GEMACHT HAT

Kennst du das? Du kommst gestresst von der Arbeit nach Hause, hast tausend Gedanken im Kopf, willst es dir einfach nur noch auf deinem Sofa gemütlich machen, doch als du deine Wohnung betrittst, erblickst du das Chaos, welches dein Hund im Wohnzimmer hinterlassen hat. Vielleicht hat er den Mülleimer in der Küche geplündert und das leckere Essen auf dem neuen hellen Teppich verspeist oder aber auf den Teppich gepieselt, das Sofakissen zerfetzt oder deine Lieblingsvase zerbrochen. Hat er das etwa absichtlich gemacht? Oder warum guckt er uns so schuldbewusst an?

Der Mythos, dass unsere Hunde wüssten, was sie falsch gemacht haben, hält sich bis heute. Aber mal ehrlich: Woher soll unser Hund wissen, dass wir uns gerade über ihn und die Situation ärgern, wenn diese vielleicht schon Stunden zurückliegt? Laut einer Studie[16] hat das nichts mit Schuldbewusstsein zu tun, denn der »schuldige Blick« stellte sich bei ihren Forschungen als Reaktion auf unsere Stimmung und das daraus tatsächlich resultierende Verhalten des Besitzers heraus. Dabei spielte es keine Rolle, ob der Hund tatsächlich etwas angestellt hatte oder nicht.

Wir denken, wenn unser Hund Beschwichtigungssignale zeigt, indem er die Augen zusammenkneift, züngelt oder die Ohren anlegt, dann ist ihm bewusst, dass er gerade etwas Falsches getan hat. Fakt ist aber, dass unsere Hunde auf diese Art und Weise versuchen, die Situation zu deeskalieren, weil sie unsere angespannte Stimmung wahrnehmen. Hunde sind so feinfühlige Wesen. Sie spüren und riechen unsere Stimmung aufgrund unserer ausgeschütteten Hormone und reagieren entsprechend darauf.

STIMMUNGSANNEHMER UND STIMMUNGSMACHER

Wir alle lassen uns hin und wieder auf Stimmungen anderer ein oder stecken andere mit unseren Emotionen an. Jeder hat beide Seiten in sich. In einigen Situationen fällt es uns leichter, die Stimmung anzunehmen, und in anderen wiederum die Emotion vorzugeben, auf die andere sich einlassen können. Ob wir ein Stimmungsannehmer oder -macher[17] sind, hängt daher von diversen Situationen, aber auch unserer Tagesverfassung ab. Egal ob unbewusst oder bewusst, nur wenn wir uns darauf einlassen, können wir in die Stimmungswelt anderer eintauchen.

Ich für meinen Teil habe gemerkt, dass ich bei Hundebegegnungen sehr schnell die Stimmung meiner Hunde annehme. Wenn ich mit Finn unterwegs bin und er aggressiv auf das entgegenkommende Mensch-Hund-Team reagiert, bin ich sehr schnell angespannt und reagiere gereizt. Wenn ich jedoch mit Samu in diese Situation gerate, bin ich vollkommen entspannt, da Samu jeden Hund toll findet und sich diese harmonische Stimmung auf mich überträgt. In dieser Situation bin ich auf jeden Fall der Stimmungsannehmer.

Aber auch ich kann zum Stimmungsmacher werden. Bin ich als Hundetrainerin in solch einer Situation mit Kunden und ihren Hunden, dann werde ich tatsächlich zum Stimmungsmacher! Automatisch strahle ich Sicherheit und Zuverlässigkeit aus. Meine Kunden können sich an mir orientieren, haben mich als Stütze an ihrer Seite und werden selbstsicherer. Das überträgt sich wiederum auf ihre Hunde. Daher klappen Hundebegegnungen mit einem Hundetrainer meist besser, als wenn wir in solchen Situationen auf uns allein gestellt sind. Meine Sicherheit, die positive Einstellung, die innere Ruhe überträgt sich auf das gesamte Mensch-Hund-Team und führt dazu, dass die Begegnungen harmonisch und entspannt verlaufen.

Ich stellte mir die Frage: Warum fällt es mir leichter, die Sicherheit und das Selbstvertrauen als Hundetrainerin auszustrahlen? Ich erkannte, dass ich, wenn ich in die Rolle der Trainerin schlüpfe, als Beobachterin unterwegs bin. Ich bewerte die Situationen nicht, sondern vertraue meiner Intuition, weil ich mir meiner Sache sicher bin. Weil ich weiß, dass ich gut in meiner Arbeit bin und mir vertraue. Als mir dies bewusst wurde und ich erkannte, dass ich selbst diejenige bin, die das Gefühl der Sicherheit in mir erzeugt, wurde mir klar, dass ich dies in allen Bereichen des Lebens anwenden und erzeugen kann. Ich kann das Gefühl der Sicherheit als Trainerin erzeugen, also kann ich dies auch tun, wenn ich in die Rolle der Hundehalterin schlüpfe. Ich kann bewusst entscheiden, welches Gefühl ich zulassen möchte. Wir sind diejenigen, die dafür verantwortlich sind, nicht die äußeren Umstände.

In welchen Situationen in deinem Leben warst du heute der Stimmungsmacher und wo der Stimmungsannehmer? Finde je ein Beispiel und halte es hier schriftlich fest:

Stimmungsmacher:

_____

_____

_____

_____

Stimmungsannehmer:

_____

_____

_____

_____

Wenn du erkennst, dass du auch bewusst ein Stimmungsmacher sein kannst, kannst du dies gezielt im Hundetraining nutzen und in für dein Mensch-Hund-Team schwierigen Situationen einsetzen. Lass uns dir in der nachfolgenden Meditation zeigen, wie du bewusst deine Stimmung verändern kannst, um deinem Hund Entspannung und Ruhe zu signalisieren.

Meditation »Gefühl verändern«

Ich möchte dich einladen, auf eine Reise zu deinem inneren Selbst. Lass uns in deine Gefühlswelt hineinblicken und sie zum Positiven verändern.

Suche für die Meditation einen Ort auf, an dem du ungestört sein kannst. Einen Ort, an dem du völlig zur Ruhe kommen und entspannen kannst. Mache es dir auf deinem Meditationskissen, auf dem Boden mit dem Rücken zur Wand, auf deiner Yogamatte oder einem Stuhl bequem.

Lege deine Hände mit den Handflächen nach oben geöffnet auf deinen Oberschenkeln ab.

Bilde mit deinen Fingern gerne das Prithivi Mudra. Dabei führst du Daumen und Ringfinger so weit zusammen, dass sich beide Fingerkuppen berühren. Zeige- und Mittelfinger bleiben dabei eng aneinander. Dieses Mudra erdet dich, stärkt dein Selbstvertrauen und soll dich in Situationen, in welchen du deine Stimmung zum Positiven verändern willst, unterstützen.

Nun nimm drei tiefe Atemzüge, atme tief durch deine Nase in deinen Bauch ein und durch den Mund wieder aus. Spüre, wie sich dein Körper mit jedem Atemzug mehr und mehr mit der Erde verbindet, wie all die Anspannung abfällt und du ganz schwer auf der Unterlage sitzt oder liegst. Lass all die Gefühle, die sich in dieser Meditation zeigen, zu, sie dürfen hier den Raum haben, sich zu zeigen.

Nun fühle deinen Atem, und verbinde dich mit ihm. Folge ihm einfach über deine Nasenspitze, über die Nasenflügel bis in den Rachen und in die Lunge. Lass deinen Atem fließen.

Stelle dir nun vor deinem inneren Auge eine Situation mit deinem Hund vor, die für euch als Team herausfordernd war. Dies kann der letzte Spaziergang, die letzte Hundebegegnung, das letzte Alleinebleiben, der letzte Rückruf, der letzte Besuch beim Hundefriseur etc. gewesen sein.

Welche Gefühle kannst du wahrnehmen? Wut, Trauer, Hilflosigkeit, Verzweiflung, Ohnmacht, Unsicherheit, Selbstzweifel, Angst oder Scham?

Egal welche Gefühle du wahrnimmst, lass sie zu.

Beobachte, wo sich diese Gefühle im Körper bemerkbar machen.

Spürst du vielleicht einen Druck, der sich auf der Brust, im Nacken, im Kopf oder woanders ausbreitet? Wenn ja, dann sage mit deiner inneren Stimme: »Aller Druck in mir darf jetzt da sein. Ich bin bereit, diesen zu akzeptieren.«

Tauche ganz in dieses Gefühl ein. Nimm es ganz bewusst wahr. Ist es leicht oder schwer? Spürst du Weite oder Enge? Ist dieses Gefühl hell oder dunkel? Zieht dich dieses Gefühl nach unten?

Und dann bedanke dich dafür, dass das Gefühl in deinem Leben ist, und verbinde dich damit, anstatt gegen es anzukämpfen. Betrachte es, anstatt wegzulaufen, akzeptiere es, anstatt wegzusehen.

Nimm das Gefühl weiterhin wahr, und lass es uns gemeinsam in etwas Positives transformieren: Führe dir nun wieder die herausfordernde Situation mit deinem Hund vor Augen, und passe sie deinen Wünschen entsprechend an. Wie läuft diese Situation für dein Mensch-Hund-Team ab, wenn du voller Sicherheit, Zuversicht, Vertrauen und Freude bist? Welcher Film spielt sich vor deinem inneren Auge ab?

Lass dieses Gefühl weiter werden, und erlaube dir, diese Freiheit zu spüren. Lass die negativen Gefühle wie Wut, Hilflosigkeit und Unsicherheit verblassen. Spüre nun das Gefühl von Leichtigkeit und Freude, das sich in dir ausbreitet.

Nimm jetzt zwei tiefe Atemzüge. Und jeder Atemzug ist gefüllt mit Leichtigkeit, Fülle, Weite, Helligkeit. Nimm genau dieses Gefühl von Leichtigkeit, Zufriedenheit und Harmonie mit in deinen Alltag. Gemeinsam haben wir die Verbindung zu deiner Energie geschaffen ... Komm zurück ins Hier und Jetzt.

Willkommen zurück. Du kannst dich strecken und wahrnehmen, dass du wieder voll und ganz hier angekommen bist.

Wann immer du in einer herausfordernden Situation bist, erinnere dich daran, dass du die Gefühle selbst in dir erzeugst und negative Gefühle in positive transformieren kannst. Damit es dir leichter fällt, kannst du dir gerne das Prithivi Mudra zunutze machen und auch im Alltag immer mal wieder ausführen. Diese Handgeste soll dich immer an die Leichtigkeit und Unbeschwertheit erinnern. Wenn du anfängst, deine Gefühle ins Positive zu transformieren, bist du zudem ein zuverlässiger Bindungspartner für deinen Hund, an welchem er sich orientieren kann. Denn bist du dir deiner Stimmung bewusst, kannst du viel klarer mit deinem Hund kommunizieren und ihm Sicherheit vermitteln.

Kommunikation und Sicherheit sind, wie du bereits weißt, Bestandteile zweier Säulen, die deiner Mensch-Hund-Bindung Halt geben.

Bewusst abgrenzen

Sowohl du als auch dein Hund könnt euch jedoch auch von der Stimmung des jeweils anderen abgrenzen. Aufgrund von Finns Krankheitsgeschichte habe ich mir lange Zeit Vorwürfe gemacht, dass ich der Grund für seine Beschwerden sein könnte. Nicht zuletzt wegen seiner bisher ungeklärten Blasenproblematik. Kein Tierarzt konnte eine organische Ursache feststellen. Ich habe mehr und mehr hinterfragt, wieso Finn immer wieder diese Symptomatik zeigt. In dieser Situation fiel es mir ziemlich schwer, mich abzugrenzen. Wir Halter sind jedoch zu sehr im Kopf unterwegs. Wir grübeln, machen uns Sorgen, denken an morgen, obwohl wir doch gar nicht in die Zukunft schauen können. Finn hingegen konnte sehr wohl in seiner Mitte bleiben und sich davon abgrenzen. Ich denke, es liegt daran, dass Hunde allgemein im Hier und Jetzt leben und nicht alles zerdenken. Doch wie schaffen wir Halter es, uns von gewissen Umständen abzugrenzen?

Ich für meinen Teil versuche mittlerweile, mich nicht dem Gefühl der Ohnmacht hinzugeben, wenn Finn sich mal wieder nicht lösen kann. Ich entscheide mich bewusst dafür, mich nicht in der Angst zu verlieren, sondern meinen Verstand einzusetzen. Dafür schließe ich für einen kurzen Moment die Augen. Ich nehme die Angst und Sorge an und lasse sie los. Frage mich dann, was ich aktiv tun kann, um die derzeitige Situation zu verbessern. Dann öffne ich die Augen und erkenne, dass alles in Ordnung ist.

Ich nehme hier also wieder die Rolle des wertfreien Beobachters ein. Damit grenze ich mich automatisch ab, betrachte die Hinweise von Finn objektiv, um eine klare Sicht zu erhalten.

Ich kann nicht kontrollieren, ob Finn sich meiner Stimmung annimmt. Worüber wir jedoch entscheiden können, ist unsere eigene Gefühlswelt. Im Grunde geht es beim Abgrenzen auch darum, sich selbst wieder einmal mehr zu reflektieren und sich bewusst zu entscheiden, ob man lieber den negativen oder doch den positiven Gefühlen den Raum für Entwicklung lässt.

Als ich begann, mich generell in meinem Leben von negativen Dingen und Menschen abzugrenzen und Entscheidungen zu treffen, die mir guttun, hat sich etwas Grundlegendes zwischen mir und meinen Hunden, insbesondere zwischen mir und Finn verändert. Finn ging es schlagartig besser. Die Magen-Darm- und Blasenprobleme verschwanden, sein Gangbild verbesserte sich, und auch das Sich-von-mir-Lösen war kein Problem mehr.

Aufgrund unserer starken Bindung spiegelt Finn mir nach wie vor, wie es mir geht. Ich habe für mich herausgefunden, dass Finn mir signalisiert, wenn ich an negativen Dingen festhalte und mein Leben nicht im Fluss ist. Natürlich möchte ich es nicht so weit kommen lassen, dass er diese Problematik immer und immer wieder zeigt. Jedoch habe ich gelernt, auch das loszulassen. Ich muss darauf vertrauen, dass Finn nur das auf sich nimmt, was er aushalten kann. Schuldgefühle würden eine negative Dynamik zwischen uns nur verstärken.

ÄTHERISCHE ÖLE

ALS UNTERSTÜTZUNG

Um mich bei der Abgrenzung von negativen Emotionen zu unterstützen und um mehr in meiner Mitte zu bleiben, nutze ich ätherische Öle. Ich hätte selbst nicht gedacht, dass diese mich und meinen Hund emotional so gut unterstützen, jedoch werden über das Riechen von diesen Duftmolekülen bestimmte Gehirnareale aktiviert, die unsere Stimmung und Gefühle beeinflussen können. Selbst auf die Ausschüttung von Hormonen können ätherische Öle Einfluss nehmen. Zudem wirken sie angstlösend, konzentrationsfördernd, beruhigend oder anregend. Die Duftmoleküle werden über unseren Riechnerv zum limbischen System weitergeleitet. Dieses ist unter anderem für unsere Gefühle verantwortlich. Die Düfte werden mit bestimmten Erinnerungen und Gefühlen assoziiert. Wenn du an Zimt, Kardamom oder Vanille denkst, kommt dir dann nicht auch gleich der Gedanke an Weihnachten? Oder der Lavendelduft, der uns vielleicht an unseren letzten Urlaub in Frankreich erinnert. Diese Assoziationen können sehr individuell sein. Ich für meinen Teil habe die Öle zur bewussten Abgrenzung genutzt. Vor allem nach Finns Not-OP nach der Magendrehung geriet ich bei jeder Kleinigkeit in Panik. Ich möchte und kann mit ihm mitfühlen, jedoch sollte ich nicht mitleiden, denn das hilft keinem von uns beiden weiter. Je mehr ich mich nämlich in die Situation hineinsteigere und Panik verspüre, desto schlimmer wird sie. Finn spürte natürlich meine Anspannung und wurde dadurch nur noch unruhiger. Gerade in ängstlichen, unsicheren Situationen habe ich als Hundehalter jedoch die Verantwortung, ruhig und gelassen zu bleiben, meinem

Hund Sicherheit zu vermitteln, an seiner Seite und für ihn da zu sein.

Mittlerweile kann ich mich bewusst dafür entscheiden, ruhig und entspannt zu bleiben. Und das tue ich, indem ich mich eben abgrenze, den Blick von außen annehme, erkenne, dass ich alles tue, was in meiner Macht steht, ich die Kontrolle aber loslassen muss. Um mich hier zu unterstützen, nutze ich ätherische Öle wie Teebaum, Oregano, Zedernholz, Zitronengras, Rose, die alle für das Thema Abgrenzung, Loslassen stehen. Die Düfte sind für mich mein Anker. Mein Anker der Vertrautheit, der mich immer wieder daran erinnert, dass ich die Angst, die ich in manchen Situationen verspüre, annehmen, aber auch wieder loslassen darf. Ich könnte mir keine besseren Helfer als unterstützende Maßnahme im Alltag vorstellen. Mithilfe der Öle fällt es mir tatsächlich leichter, MIT meiner Angst statt gegen sie zu arbeiten. Diese Öle vernebele ich in einem Kalt-Diffuser oder gebe sie in akuten Situationen direkt auf die Haut. Meistens reibe ich mir damit den Brustkorb oder Pulspunkte wie Handgelenk und Schläfen ein.

Wenn auch du dich mit ätherischen Ölen unterstützen möchtest, dann empfehle ich dir, darauf zu achten, dass diese zu 100 % naturrein und ohne jegliche synthetische Füllstoffe sind.

Ätherische Öle sind ein Geschenk der Natur. Nicht nur für unsere Hunde, auch für uns und alle anderen Lebewesen. Auch unseren Hunden können diese Öle helfen, denn häufig können wir bestimmte Themen erst angehen, wenn emotionale oder energetische Blockaden gelöst sind. Ein traumatisierter Hund ist vielleicht gar nicht richtig ansprechbar, ein depressiver Hund schwer zu motivieren. Oder der Hund kann keine Nähe zulassen, weil er ängstlich oder verunsichert ist. Um einen ersten Zugang zu ihm zu finden, kann es daher helfen, sich der Kraft der Natur zu bedienen, um energetische Blockaden zu lösen und angestaute Emotionen wieder fließen zu lassen und sie damit loszulassen.

Die Duftmoleküle eines ätherischen Öls docken an den Riechrezeptoren der Hundenase an. Wie beim Menschen geben Nervenfasern die Informationen an das Riechhirn und das limbische System weiter, woraufhin in Bruchteilen von Sekunden eine emotionale Antwort erfolgt.

Welches Öl ist für meinen Hund geeignet?

- Lavendel kann auf den Hund beruhigend wirken.
- Sandelholz kann bei Angst unterstützen.
- Rose ist ein tolles Öl bei der Verarbeitung von Traumata.
- Jasmin kann bei Stress-Themen die Entspannung fördern.
- Basilikum wirkt ausgleichend auf den Hund.
- Bergamotte hat stimmungsaufhellende Eigenschaften.

Auf folgende Öle sollte bei Hunden verzichtet werden:

Wintergrün, Thymian, Nelke, Kassia, Kampfer, Oregano, Teebaum.

Wie Stimmungsübertragung
das Training beeinflussen kann

Ich möchte mit folgendem Beispiel noch mal verdeutlichen, welchen wesentlichen Einfluss die Stimmungsübertragung auf deinen Alltag hat:

Anfang des Jahres erhielt ich eine Anfrage von einer lieben Kundin mit der Bitte, sie und ihren Hund zu unterstützen. Ihr Schäferhundmischling Dima zeigte im Alltag panikartiges Verhalten und diverse Ängste aufgrund eines Deprivationssyndroms. Die Hundehalterin hatte langjährige Hundeerfahrung und probierte einige Interventionstechniken – also gezielte Trainingsmaßnahmen – aus, kam jedoch schnell an ihre Grenzen. Bei Spaziergängen stand Dima kontinuierlich unter Anspannung und hielt immer Ausschau nach der nächsten Gefahr. In unbekannten Gebieten war die Angst so groß, dass er durchgehend zitterte. Meist reagierte er mit einem »Freeze«, fror also an Ort und Stelle ein und bewegte sich keinen Zentimeter mehr. Es wurde sogar gefährlich, mit ihm die Straße zu überqueren, da Dima auch mitten auf der Straße einfror. Die Spaziergänge bedeuteten somit für Hund und Halterin enormen Druck.

Nachdem wir den Ist-Zustand festgestellt hatten, wollte ich von der Halterin wissen, wie sie sich das Zusammenleben mit Dima vorstellt. Sie beschrieb mir ihre Wünsche, jedoch konnte sie sich nicht vorstellen, dass diese Realität würden. Kommentare von ihrem Umfeld wie »Es wäre besser gewesen, Sie hätten den Hund nicht geholt« oder »Ihr Hund wird sich nie entspannen können und immer in der Angst sein« hatten die Besitzerin so verunsichert, dass sie nicht mehr auf ihre Intuition vertraute. Sie übernahm diese negativen Glaubenssätze unbewusst. Die Negativspirale nahm ihren Lauf.

Dima reagierte extrem auf diese Stimmung und die Halterin wiederum extrem auf die ängstlichen und unsicheren Verhaltensweisen ihres Hundes. Spaziergänge wurden zur reinsten Katastrophe. Besuch war nicht mehr möglich, da Dima bei fremden Menschen sofort in Panik geriet und stundenlang zitterte. Die Situation spitzte sich so zu, dass die Halterin mit dem Gedanken spielte, den Hund wieder abzugeben.

Der Fokus unseres Coachings musste also von Anfang an auf dem Bindungsaufbau liegen. Dieser wurde gestärkt, indem wir das Selbstvertrauen der Halterin und das Vertrauen in ihren Hund mit diversen Übungen wieder aufgebaut haben. Für einen ganzheitlichen Ansatz unterstützte ich Hund und Halterin außerdem mit Bachblüten und ätherischen Ölen.

Der Schlüssel zum Erfolg lag also vor allem in der persönlichen Arbeit mit der Halterin. Wir arbeiteten viel mit Visualisierung und lösten ihre negativen Glaubenssätze auf. Sie lernte, bewusst ihre Stimmung zu verändern, um Verantwortung für Dima übernehmen und ihr so ein sicherer Bindungspartner sein zu können. Die Halterin erkannte, dass sie die richtige Besitzerin für Dima ist und sie gemeinsam an den Aufgaben wachsen dürfen. Wir sagen gerne: »Man bekommt immer den Hund, den man braucht.« Nach zwei Wochen rief sie mich an und berichtete, dass sie innerhalb dieser Zeit mehr Erfolge feiern konnte als in den letzten zwei Jahren. Sie konnte es selbst kaum glauben, welchen Mut und welche Stärke sie bewies, und ich war stolz auf dieses Mensch-Hund-Team, weil sie nicht aufgegeben, sondern an sich geglaubt hatten. Natürlich bleibt das Thema Angst ein Thema, an welchem intensiv gearbeitet werden muss, es ist noch immer ein Prozess mit Fort- und Rückschritten, jedoch können Hund und Halterin dies nun entspannt angehen. Sie sind endlich eine so feste Einheit geworden, dass sich beide aufeinander verlassen können. Dimas Angst hat sich so weit reduziert, dass der Alltag und auch die Spaziergänge der beiden nun viel entspannter ablaufen. Genau das kann Stimmungsübertragung und die allgemeine Arbeit an der Mensch-Hund-Bindung beeinflussen.

MIT STIMMUNGSÜBERTRAGUNG ZU MEHR ENTSPANNUNG

Gerne möchten wir dir noch eine kleine Übung mit an die Hand geben, in welche du die Stimmungsübertragung aktiv mit einfließen lassen kannst. Diese konditionierte Entspannung kann dir und deinem Hund zum Beispiel beim Tierarzt, bei Hundebegegnungen, beim Autofahren oder in anderen Stresssituationen helfen. Ziel der Übung ist es, beim Hund eine entspannte Haltung zu erzeugen, um diese wiederum unter Signalkontrolle zu bringen.

Da wir das Gefühl des Hundes nicht einfach so mit einem Leckerli verändern können, benötigen wir für diese Übung Zeit und Geduld. Lernen kann nur in einer entspannten Umgebung stattfinden. Besonders bei dieser Übung ist es wichtig, dass eine entspannte, friedvolle Atmosphäre herrscht. Lass die Übung eine Auszeit sein, und genieße sie mit deinem Hund. Mach die Übung bitte nur, wenn du selbst in dir ruhst und somit deine entspannte Haltung auf deinen Hund übertragen kannst.

Wichtig: Jeder Hund ist individuell. Daher kann das Training unterschiedlich lange dauern, bis dein Hund völlig loslassen und entspannen kann. Lass dich davon nicht entmutigen. Gib deinem Hund die Zeit, die er braucht.

Mach es dir gemütlich mit entspannter Musik – wenn du möchtest, kannst du hier auch gerne die ätherischen Öle ausprobieren, zum Beispiel mithilfe eines Diffusers. Setz dich neben deinen Hund, und atme einmal tief durch die Nase ein und durch den Mund wieder aus.

Steht dein Hund während dieser Übung auf, dann lass ihn gehen. Es ist wichtig, dass er die Entspannung von sich aus zeigt und nicht anhand eines Signals in der Liegeposition gehalten wird.

Nun lege deine Hand auf den Bauch, die Schulter, die Brust oder den Rücken deines Hundes, je nachdem, wo er gerne angefasst werden möchte. Wir möchten, dass dein Hund während dieser Übung zur völligen Entspannung gelangen kann. Daher bewege deine Hand, wenn du deinen Hund streichelst, in einer Minute nur ein oder zwei Zentimeter. Achte darauf, dass du die Hand zwischendurch nicht anhebst und wieder auf deinem Hund ablegst, da du ihn sonst ständig aus seiner Entspannung herausholst. Zu Beginn kannst du fünf Minuten üben und nach und nach die Entspannungseinheiten immer länger werden lassen.

Beende die Übung, wenn es am schönsten ist und dein Hund entspannt auf seiner Decke neben dir liegt. Zu Beginn reichen wenige Minuten aus. Lass die Übung nun von Mal zu Mal länger werden. Sobald du spürst, dass dein Hund und du total entspannt seid, kannst du ein Wortsignal wie z. B. »Relax« etablieren. Sage das Wortsignal zwei- bis viermal während der gesamten Übung. Immer dann, wenn dein Hund völlig entspannt neben dir liegt. Generalisiere diese Übung, indem du sie an verschiedenen Orten, zu verschiedenen Tageszeiten etc. anwendest.

Bis dein Hund auf das Entspannungssignal in stressigen Situationen reagiert, bedarf es Zeit und Geduld. Du kannst ihn jedoch jederzeit mit deiner eigenen Stimmung unterstützen und ihm Ruhe vermitteln. Erst wenn der Hund das Signal in diversen Kontexten ausführen kann, kannst du es auf dem Spaziergang, beim Tierarzt oder in anderen stressigen Situationen einsetzen.

Der Sinn der Stimmungsübertragung

Der Sinn der Stimmungsübertragung liegt nicht darin, ständig die Emotionen des anderen anzunehmen, sondern sie bewusst in unsicheren Situationen zu seinem Vorteil zu nutzen, um Gefühle ins Positive zu transformieren. Auch wenn wir eng mit unseren Hunden zusammenleben, dienen sie uns nicht als Auffangbecken für negative Gefühle und auch nicht dazu, dass sie unsere Probleme übernehmen. Wir können nicht immer beeinflussen, welche Herausforderungen unsere Hunde uns abnehmen wollen, und trotzdem liegt es in unserer Verantwortung, den Hund nicht unnötig damit zu belasten. Die Bindung ist ein sich stetig wandelnder und wachsender Prozess. Es wird Phasen einer intensiven Bindung geben, in welcher der Hund deine Stimmung vermehrt spiegelt und es dir leichter fällt, seine Stimmung anzunehmen. Und dann wird es Phasen geben mit mehr Distanz zueinander, die eurer Bindung grundlegend nicht schaden, sondern dir helfen, die Beobachterrolle einzunehmen, um dich in unsicheren Situationen abgrenzen zu können, um deinem Hund bewusst Sicherheit zu vermitteln. Wir haben die Aufgabe, unserem Hund ein zuverlässiger Bindungspartner zu sein, daher setze die Stimmungsübertragung achtsam ein und werde dir selbst im Alltag deiner Gefühle bewusst.

In dem Moment, in dem du dich mit deinem inneren Selbst und deinen Emotionen beschäftigst, nimmst du eine andere Perspektive ein. Du erkennst, dass negative Gefühle, wenn du sie nicht mehr bewertest, nützliche Hinweise im Zusammenleben mit deinem Hund sind. Integrierst du bewusst die Stimmungsübertragung, führt dies langfristig zu einer glücklichen, harmonischen und stabilen Mensch-Hund-Bindung.

KAPITEL 9
Herz VOR KOPF

Dein Herz schlägt im Ruhezustand zwischen 60 und 80 Mal in der Minute. Das sind 3.000 bis 5.000 Schläge in der Stunde. Durchschnittlich schlägt dein Herz also über 100.000 Mal am Tag für dich. Nur für dich. Kannst du dir das vorstellen? Unser Herz ist so kraftvoll, dass es uns am Leben erhält. Es begleitet uns durch unser ganzes Leben, steuert so viele verschiedene körperliche Prozesse. Es pumpt das Blut durch unsere Adern und versorgt unsere Organe mit Sauerstoff. Aber es ist noch viel mehr als der Mittelpunkt unseres Körpers. Unser Herz ist außerdem das Zentrum unserer Energie!

Im Jahr 1993 untersuchte das HeartMath Institute (bekannt für seine Forschungsarbeiten in emotionaler Physiologie und Herz-Hirn-Wechselwirkungen) die Macht der Gefühle über den menschlichen Körper und fand dabei heraus, dass das Herz bisher unterschätzt wurde. Es hat sogar ein riesiges Energiefeld von ca. 2,5 Metern Durchmesser. Das ist Wahnsinn, da man bis zu dieser Entdeckung davon ausgegangen war, dass unser Gehirn mit seinen komplexen Strukturen und elektromagnetischen Impulsen das größte Energiefeld aufweist. Die Messungen ergaben jedoch, dass unser Herz das Energiefeld unseres Gehirns bei Weitem übersteigt.

Man erkannte in weiteren Forschungsarbeiten außerdem, dass das elektrische und magnetische Feld, das vom Herzen ausgesandt wird, nicht nur durch unsere Gefühle aufgebaut wird, sondern auch durch unsere Überzeugungen. Das bedeutet, dass man all unsere Emotionen und tiefsten Glaubenssätze als Information in der ausgesandten Energie unseres Herzens wiederfindet, die wiederum mit der stärksten Kraft an unser Gehirn und unsere Organe als auch über unseren Körper hinaus in die Welt weitergetragen wird, um dort mit allem in Interaktion zu treten.[18]

Das erklärt, warum es einfach nichts bringt, lediglich an seinem »Mindset« zu arbeiten, also seine Denkweisen und Glaubenssätze zu verändern, indem man sich immer und immer wieder neue positive und bestärkende Affirmationen laut vorliest, sie bei jeder Gelegenheit wiederholt, nur um nach einigen Wochen des Übens dann vollkommen enttäuscht zu der Erkenntnis zu gelangen, dass sich in seinem Leben immer noch nichts verändert hat.

Positive Affirmationen sind aber dennoch eine super Sache! Vorausgesetzt, man wendet sie korrekt an. Denn sprechen wir eine Affirmation in unserem Kopf, dann haben wir lediglich die Worte dazu vor Augen. Hier sendet nur unser Gehirn die elektromagnetischen Wellen aus. Sprechen wir eine Affirmation jedoch mit unserem Herzen, fühlen die Worte, gehen in eine Vorfreude bei der Vorstellung, wie wahr diese Worte sind, und gehen in die Dankbarkeit dafür, dass unser Vorhaben so oder noch besser auch eintreten wird, dann haben wir wirklich den Glauben, die Überzeugung und das Vertrauen darin, dass das, was wir uns da die ganze Zeit vorsagen, auch unserer (zukünftigen) Wahrheit entspricht. Verändern wir also unser »Heartset«, wird unser Wunsch von unserem eigentlichen Zentrum der Gefühle, von unserem Herzen, gesendet. Und zwar mit einer 5.000-fach größeren Stärke.

Es liegt meistens nahe, alles mit dem Kopf beziehungsweise mit dem Verstand begreifen zu wollen. Die Dinge zu hinterfragen und verstehen zu wollen ist auch absolut richtig. Doch ab welchem Punkt sollte man stattdessen das Herz sprechen lassen?

Vor allem dann, wenn das Bauchgefühl, unsere Intuition bereits so stark ist, dass man sie kaum noch ignorieren kann.

DEIN HEARTSET AUSRICHTEN

Vor einiger Zeit unterhielt ich mich mit einem Kollegen, der mit einer Kundin arbeitete, die ihren Spitz auf nachdrückliche Empfehlung einer Hundetrainerin mit einem Würgehalsband trainierte. Dem Hund sollten Schmerzen zugefügt werden, wenn es an der Tür klingelte, damit er lernte, dass das Bellen an der Tür unerwünscht ist. Mal ganz abgesehen davon, dass diese Trainingsform tierschutzrelevant ist und diese Trainerin sofort dem zuständigen Veterinäramt gemeldet werden sollte, setzte die Halterin trotz anfänglicher Bedenken und einem unguten Bauchgefühl das Würgehalsband ein. Was passierte? Der Hund verlor jegliches Vertrauen zu seiner Halterin, und die Halterin selbst war total verunsichert, da sich das Verhalten des Hundes nun auch in anderen alltäglichen Situationen zunehmend verschlechterte. Sie strahlte durchweg Angst, Scham und Zweifel aus, was sie letztendlich in eine negative energetische Abwärtsspirale brachte.

Unser Herz ist die Quelle der Liebe, der Freude und unserer inneren Weisheit. Es arbeitet wie ein Navigationssystem, es zeigt uns immer den richtigen Weg. Wenn du vor einer Entscheidung stehst und dir nicht sicher bist, für welche Seite du dich entscheiden sollst, spüre in dich hinein. Entsteht in deiner Brust ein Gefühl von Enge? Schnürt sie sich zu? Oder entsteht ein Gefühl von Weite, von Leichtigkeit, von Erleichterung? Nicht immer ist der leichte Weg auch der richtige. Aber der richtige Weg ist mit sehr großer Wahrscheinlichkeit nicht der, der in dir ein Gefühl von Enge, Eingesperrtsein und Unwohlsein auslöst. Vertraue auf dein Herz.

Solange wir mit unserer Herzenskraft in Einklang sind, fällt es uns also schon aus rein energetischer Sicht leichter, unsere Vorhaben in die Tat umzusetzen.

Zum einen setzen wir unsere Energie wirklich nur für das ein, was wir in unserem Leben wirklich erschaffen wollen (und nicht für das, was unser Umfeld von uns erwartet). Erinnere dich dazu auch gerne noch mal an deine Übungen aus dem Kapitel »Klarheit & Zielsetzung«. Zum anderen fällt uns die Umsetzung der Ziele viel leichter, wenn unsere Motivation stimmt und wir mit Freude und Leichtigkeit dabei sind.

Ein weiterer positiver Effekt ist, dass wir die Dinge, die unserem Herzen entspringen, schneller in unser Leben ziehen. Wir erinnern uns: Das Herz sendet mit einer sehr viel stärkeren Kraft als unser Gehirn. In Liebe, Freude und Dankbarkeit ziehst du diese Dinge ganz automatisch an. Und ganz nebenbei fühlt man sich auch noch viel glücklicher dabei! Hiervon profitieren nicht nur du und deine Familie, sondern auch dein Hund.

Hunde können natürlich nicht mit Affirmationen arbeiten. Du jedoch kannst dein Heartset bewusst nach deinen Wünschen, Bedürfnissen und Sehnsüchten ausrichten.

Wir bezeichnen euch so gerne als (Mensch-Hund-)Team, weil ihr genau das seid: eine starke, miteinander verbundene, soziale Gemeinschaft, in der sich jeder voll einbringt. Letztendlich bist du 50 % dieses Teams und genauso wertvoll zu betrachten, wie wir es in den letzten Kapiteln mit deinem Hund getan haben. Im Kapitel zur Stimmungsübertragung sind wir im Detail darauf eingegangen, wie sehr sich Hund und Halter spiegeln und sich dadurch unterstützen können. Indem du dich mit dir und deinem Inneren auseinandersetzt, kannst du deinem Hund ein ganz wundervoller Spiegel und Unterstützer sein.

Wir machen es uns häufig so schwer mit unseren Hunden. Gehen so verkopft ans Training, machen uns Druck, sind ungeduldig und stehen uns nicht selten selbst im Weg, wenn wir unsere Hunde einfach nicht verstehen. Mach es dir einfach! Es muss nicht so schwer sein. Das Leben muss nicht so schwer sein.

Nimm dir hier fünf Minuten für dich, und ziehe dich an einen Ort zurück, an dem du ungestört bist. Setze dich bequem hin, und schließe deine Augen. Atme nun dreimal tief durch die Nase ein und vollständig durch den Mund wieder aus. Lege nun deine Hände auf dein Herz. Spürst du, wie es in deiner Brust für dich schlägt? Nimm diesen Moment für einige Minuten lang wahr, und sei einfach nur bei dir und deinem Herzen. Und wenn du gerade eine Frage hast oder an irgendeiner Stelle in deinem Leben nicht weiterkommst, dann stelle sie jetzt in Gedanken an dein Herz. Welche Gedanken beschäftigen dich gerade? Wo spürst du Druck? Was löst ein beengendes Gefühl in deiner Brust aus? Und dann schau, was dein Herz dir antwortet. Welche Worte, Bilder, Gefühle finden hier ganz intuitiv zu dir? Was möchte dein Herz dir mitteilen?

Und dann verbleib hier gerne noch für einige Momente in Verbindung mit deinem Herzen. Wenn du dich bereit dafür fühlst, dann atme hier noch einmal tief ein und aus. Und öffne dann langsam deine Augen.

GEFÜHLE SIND ENERGIE IN BEWEGUNG

Über den Tag verteilt nehmen wir so viele verschiedene Eindrücke wahr, sammeln Erfahrungen, führen Unterhaltungen und ziehen unsere persönlichen Rückschlüsse daraus. All diese Dinge erzeugen in uns Emotionen. Die einen bleiben länger und sind beständiger, die anderen erscheinen nur kurz und verlassen uns dann wieder.

Gefühle, also Emotionen, sind übersetzt energy in motion (= emotion), also Energie in Bewegung. Gefühle kommen und Gefühle gehen wieder. Sie sind im Fluss und werden immer wieder von neuen Impulsen im Außen ausgelöst. Grüßt uns zum Beispiel jemand freundlich auf der Straße oder macht uns ein Kompliment, fühlen wir uns gesehen, wertgeschätzt und sind in Freude. Bemerken wir auf dem Spaziergang einen abwertenden Blick eines anderen Hundehalters, wenn unser Hund nicht auf uns hört, empfinden wir Scham oder Wut. Häufig ist es so, dass die schönen und positiven Emotionen schneller verfliegen als die, die sich unangenehm anfühlen. Nicht selten passiert es sogar, dass wir gerade an Gefühlen von Schuld, Angst, Zweifel oder Trauer festhalten und sie nicht so leicht wieder gehen lassen können. Das folgende Phänomen kennen wir alle: Wir können nach einem Vortrag oder einer anderen Leistung, die wir erbracht haben, 99 wundervolle Rückmeldungen erhalten; ist aber auch nur eine einzige Person dabei, der unsere Art zu reden vielleicht einfach nicht gepasst hat, die den Inhalt schon kannte und sich deshalb gelangweilt hat oder vielleicht auch nur einen schlechten Tag hatte und aus diesem Grund einen negativen Kommentar hinterlässt, so kippt unsere Stimmung sofort, und wir halten trotz des vielen positiven Feedbacks ewig an dieser einen Kritik fest.

Da Gefühle Energie in Bewegung sind, ist es jedoch wichtig, dass wir genau hinsehen, mit ihnen arbeiten und sie wieder fließen lassen. Verschließen wir uns vor einem Gefühl und schließen es aus, wird es nicht verschwinden. Das Gegenteil ist der Fall! Je länger wir das Gefühl ignorieren, desto häufiger werden uns Situationen im Außen triggern und uns wieder an dieses Gefühl erinnern. Kennst du den Spruch: »Das Leben gibt dir so lange die gleiche Aufgabe, bis du sie löst«? Genau das ist damit gemeint. Solange du deine Gefühle bei dir behältst und sie nicht wieder gehen lässt – was wir uns ja paradoxerweise wünschen –, so lange wirst du dich immer wieder in Situationen wiederfinden, die genau dieses Gefühl in dir hervorrufen.

Gefühle sind dafür da, um gefühlt zu werden. Sie sind Botschaften deines Herzens an dich, die dich lenken und dich auf deinen Weg zurückbringen. Werden sie nicht gehört oder beachtet, stecken sie zu lange fest und manifestieren sich irgendwann im Körper als Kopf- oder Rückenschmerz. Jedes Symptom, jede Krankheit kann eine Botschaft deines Herzens an dich sein, die von deinem Körper übermittelt wird, mit der Bitte, genauer hinzuhören. Wir sind aber meist mit der Verdrängung unserer Gefühle beschäftigt, weil wir weder Zeit noch Energie dafür finden, uns mit ihnen auseinanderzusetzen, geschweige denn Lust haben, uns nach einem langen und harten Arbeitstag mit schwierigen und unschönen Dingen auseinanderzusetzen.

Damit laufen wir jedoch alle auf Sparflamme. Keiner von uns kommt durch so ein Verhalten in seine ganze (Herzens-) Kraft. Stattdessen sollten wir uns angewöhnen, genauer hinzusehen, hinzuhören, hinzufühlen. Wenn es dir nicht gut geht und du noch nicht genau bestimmen kannst, woher dieses Gefühl kommt, verbinde dich wieder mit deinem Herzen und frag, was es von dir braucht. Was will es dir sagen? Der einzige und langfristig auch nachhaltigste Weg ist, genau hinzusehen und herauszufinden, welcher Anteil in dir gehört werden möchte. Welches Gefühl steckt so tief in dir, dass dich der vermeintlich verurteilende Blick eines Fremden wieder dorthin zurückkatapultieren kann? Benenne das Gefühl und durchfühle es. Lass es zu. Und nimm es an.

Als meine geliebte Hündin Nala im Alter von zehn Jahren an Krebs verstarb, wusste ich, dass es die einzige Möglichkeit für mich war, durch diesen Schmerz hindurchzugehen, wenn ich nicht für immer von dieser Trauer begleitet werden wollte. Ich fühlte, dass es der einzig richtige Weg war, die Trauer zu durchleiden (anders kann man den Zustand nach solch einem Verlust wohl nicht beschreiben), damit der Hund, der irgendwann sein neues Zuhause bei uns finden sollte, einen fairen und glücklichen Start in sein neues Leben hätte und kein Ersatz für meine verstorbene Seelengefährtin darstellte. Ich leistete also viel Trauerarbeit, weinte viel, behielt Nalas Asche so lange bei mir, bis ich bereit war, sie gehen zu lassen. Ich schrieb einen Abschiedsbrief, redete und schrieb in der Anfangszeit sehr viel darüber. Ja, ich nahm unsere Community sogar auf Instagram und in den Podcastfolgen bei meiner Trauerarbeit mit. Das war damals für mich der richtige Weg, die Emotionen anzunehmen und fließen zu lassen. Auch wenn es unfassbar schmerzhaft war und es mir eine lange Zeit nicht gut ging. Auch heute, nach zwei Jahren, blicke ich noch immer gelegentlich in Trauer auf unsere Zeit zurück, weil ich meine Gefährtin vermisse und mir ihre Treue und Weisheit fehlen. Aber die schönen Erinnerungen überwiegen. Ich ertappe mich hin und wieder dabei, wie ich schmunzelnd zu meinem Mann sage: »Was hätte Nali jetzt nur dazu gesagt?« Und mit einem Lächeln verschwinden der Gedanke und die leichte Trauer auch wieder.

Gefühle gesund zu verarbeiten ist ein Prozess. Es ist wichtig, dass du dir in diesem Prozess Zeit und Verständnis für das Verarbeiten einräumst und liebevoll mit dir umgehst. But do your work. Mach deine Arbeit. Geh in dein Gefühl hinein und fühle es. Und dann lass es wieder gehen. Und denk daran: Kein Gefühl bleibt für immer! Gefühle sind Energie in Bewegung. Sie kommen, und sie gehen auch wieder. Dieser Fakt war übrigens das Einzige, was mir wirklich geholfen hat, den Tod von Nala zu verarbeiten und diesen Prozess auch durchzustehen: das Wissen darum, dass die Trauer nicht für immer da sein wird, sondern dass ich mich in einem akuten Loslösungsprozess befand, der irgendwann auch wieder vorbei sein würde. Und ich sollte recht behalten.

Welche Gefühle unterdrückst du schon seit Längerem? Welche Emotionen dürfen sich jetzt zeigen und von dir gesehen werden?

_____

_____

_____

_____

Welche Gefühle kommen hoch, wenn du an deinen Hund denkst?

_____

_____

_____

In den folgenden Kapiteln gehen wir auf die Emotionen ein, mit denen wir am häufigsten im Hundealltag und -training zu tun haben: Angst, Scham und Schuld. Dazu geben wir dir Tools mit an die Hand, die dich bei der Verarbeitung dieser Gefühle unterstützen können. Wir bitten dich jedoch, bei Bedarf professionelle Hilfe bei einem Arzt, Heilpraktiker, Psychotherapeuten oder ausgebildeten Coach einzuholen. Dieses Buch bietet keinen Ersatz für eine professionelle Therapie.

ANGST

Auch heute kommen hin und wieder noch Gefühle von Angst in mir auf, wenn ich an den Tod von Nala zurückdenke. Angst, dass ich auch Leni an den Krebs verlieren könnte. Und auch wenn ich auf rationaler Ebene weiß, dass Lenis Gesundheit komplett losgelöst von Nalas Krankheit ist, macht mir mein Gehirn einen Strich durch die Rechnung und sagt: »Nene, hab mal lieber Angst. So sind wir auf der sicheren Seite!«

Angst ist an sich nichts Schlechtes, sondern dazu da, um uns zu schützen. Sie versucht, uns vor Neuem oder Unbekanntem zu bewahren oder einmal gesammelte negative Erfahrungen, wie Krankheit oder Tod, aber auch Ablehnung, von uns fernzuhalten. Versucht unser Körper uns mit Stressreaktionen wie schwitzenden Händen oder Zittern davor zu warnen, bei roter Ampel über die Straße zu laufen, weil wir zuvor in einen Verkehrsunfall verwickelt wurden, dann hat diese Form von Angst mit Sicherheit eine effektive und sinnvolle Daseinsberechtigung.

Wir Menschen tendieren aber dazu, uns in unsere Ängste hineinzusteigern, uns die schlimmsten Situationen auszumalen, die passieren könnten, oder in viele Hätte, Wenn und Aber zu verfallen. Wir denken uns in unserem Kopf das schlimmste Worst-Case-Szenario aus und machen dies zu unserer Realität. Allein durch die Vorstellung von Angstsituationen reagiert der Körper und schüttet die entsprechenden Hormone aus, die dafür sorgen, dass wir uns unbehaglich fühlen. Das Gehirn unterscheidet dabei nicht zwischen Realität und Vorstellung.

Die Wahrheit ist jedoch, dass uns diese Form der Angst eher in eine Handlungsstarre bringt, statt uns frei und mit klaren Gedanken handeln zu lassen, wenn es um unsere Gefühle geht. Angst schützt uns nicht immer davor, dass schlimme oder unangenehme Dinge passieren. Stecken wir jedoch durchgehend in einem Gefühl von Angst fest, so befindet sich unser Körper konstant in einem Fight-or-Flight-Modus. Damit fühlen wir genau das, wovor wir eigentlich Angst haben, es zu fühlen, wenn es dann wirklich mal eintreten sollte. Wir bringen uns also schon vorher in die Emotion, die wir eigentlich versuchen wollen, zu vermeiden. Verrückt, oder?

Machen wir auf einem Spaziergang beispielsweise die Erfahrung, dass uns ein anderer Hund angreift, versucht unser Gehirn uns fortan zu schützen und ist dauerhaft in Habachtstellung, um uns vor einer weiteren ähnlichen Situation zu bewahren. Dadurch können wir aber weder den Spaziergang mit unserem Hund genießen, noch kann unser Hund auf dem Spaziergang entspannen, da er deine angespannte Haltung bemerkt. Und zum anderen wird er womöglich versuchen, die unangenehme, angespannte Situation selbstständig zu klären. Das kann sich darin äußern, dass der Hund zu allen anderen Mensch-Hund-Teams auf Abstand geht und fortan keine Hundebegegnungen und somit keine Sozialkontakte mehr zulassen kann. Oder er geht als Schutzmechanismus selbst in die Konfrontation, droht oder geht sogar in den Angriff über, damit er selbst und sein Mensch-Hund-Team nicht das Team ist, welches angegriffen wird. Für den Hund hingegen ist es nicht wichtig, was hätte passieren können, sondern für ihn ist die Situation ausschlaggebend, die auch tatsächlich passiert ist. Nicht die, die eventuell hätte passieren können, wenn Punkt Punkt Punkt ... Das heißt nicht, dass seine Angst nicht genauso tief sitzen kann wie bei uns Menschen! Aber dein Hund wird sich wahrscheinlich nicht bereits vor dem Spaziergang Gedanken darüber machen, was alles passieren könnte, wenn der böse schwarze Hund wieder auf dem Spaziergang auftauchen würde. Er begibt sich nicht jetzt schon in diesen Fight-or-Flight-Modus und malt sich aus, was alles passieren könnte. Verhalten wir uns als Halter jedoch schon vor dem Spaziergang auffällig, fühlen uns unwohl oder werden ängstlich, dann kann es passieren, dass unsere Hunde auf uns reagieren und sich auch nervös verhalten. Hier dürfen wir uns also gerne mal eine Scheibe von der Einstellung unserer Hunde abschneiden.

Lösen wir unsere Ängste nicht, stehen wir also nicht nur uns selbst im Weg. Sondern wir nehmen auch einen negativen Einfluss auf unseren Hund, die Qualität unseres Zusammenlebens und dadurch auch auf unsere Mensch-Hund-Bindung. Ein Hund will sich aber sicher fühlen. Wir erinnern uns: Sicherheit ist eine der drei Säulen, eine der Grundlagen in der Mensch-Hund-Bindung. Solange wir ängstlich sind, können wir keine Sicherheit ausstrahlen.

Wenn wir also an unseren Ängsten arbeiten und uns trauen, uns diesen zu stellen, erwartet uns eine noch tiefere, stabilere und erfülltere Beziehung zu unseren Hunden. Und natürlich auch zu uns selbst.

Wovor hast du gerade Angst? Was redet dir dein Kopf ein, was dir oder deinem Hund passieren könnte?

Was würde passieren, wenn du weiterhin an deiner Angst festhältst? Wie würde sich das Zusammenleben mit deinem Hund verändern?

Wie würde sich dein Leben und das deines Hundes
verändern, könntest du die Angst nun loslassen?

_____

_____

_____

_____

SCHAM

Laut der Bewusstseinsskala nach Hawkins ist Scham die
Bewusstseinsebene mit der niedrigsten Schwingung. Da
Scham ein Gefühl ist, das uns hemmt, schränkt es uns in so
vieler Hinsicht ein. Insbesondere, wenn es darum geht, auf
unser Herz zu hören und unserem Herzensweg zu folgen.
Denn das erfordert Mut. Scham hält uns klein und bildet
daher die Grundlage für viele weitere negative Emotionen
wie Schuld, Trauer oder Angst, die ebenfalls zu den unteren
Bewusstseinsebenen gehören.

Das deutlichste Beispiel, welches mir vor Augen geführt
hat, wie sehr Schamgefühle das Zusammenleben mit unserem Hund beeinflussen, habe ich vor circa zwei Jahren bei
einem meiner Coachings erlebt. Ich arbeitete mit der Halterin und ihrer Schäferhundmischlingshündin Emma am
sicheren Rückruf. Ich fragte Emmas Halterin, was sie denn

mache, wenn ihre Hündin weglief, woraufhin ihre Antwort war: »Nichts! Ich lasse sie laufen.« Ich wollte wissen, warum sie sie nicht rief und zumindest mal ausprobierte, was passieren würde, wenn sie ihrem Hund ein Signal gibt. Ihre Reaktion darauf verwunderte mich: »Aber dann würden ja alle Leute mitbekommen, dass mein Hund nicht hört.« Die Halterin war so sehr gefangen in einem Gefühl von Scham, dass selbst das beste Hundetraining ihr an dieser Stelle nicht hätte weiterhelfen können. Denn wenn sie sich nicht traut, ihren Hund zu rufen, aus Angst, er könnte nicht hören und aus Scham, jemand könnte dies mitbekommen und sie dafür abwerten und verurteilen, kann das Hundetraining gar nicht vollständig und erfolgreich umgesetzt werden.

Dies ist, wie ich finde, ein schönes Beispiel dafür, dass es sich häufig lohnt, zuerst beim Halter anzusetzen. Was wir in unserer ersten Coaching-Stunde (ohne Hund) also machten, war, verschiedene fremde Leute anzusprechen, damit die Halterin von Emma zum einen lernte, ihre Komfortzone zu verlassen, und zum anderen die Erfahrung machte, dass selbst dann, wenn jemand nicht mit ihr reden wollte oder sie abwies, nichts Schlimmes geschah. Am Ende der Stunde standen wir im Wald und übten lauthals das Rufen ihres Hundes.

Nach einigen Wochen hatte sich nicht nur das Gefühl von meiner Kundin verändert, sondern auch die Kommunikation zwischen ihr und Emma wurde besser. Als ich die beiden beim zweiten Termin besuchte, gab ich ihr die Aufgabe, Emma dort laufen zu lassen, wo sie sich sicher fühlten, und sie laut und deutlich einfach nur mit ihrem Namen abzurufen. Emma blieb kurz stehen, blickte sich zu ihrer Halterin um und lief freudig auf uns zu.

Natürlich war durch dieses Vorgehen noch kein zuverlässiger und stabiler Rückruf etabliert worden. Aber wir konnten durch das Arbeiten an den Ängsten und der Scham meiner Kundin erreichen, dass sie sich wieder (selbst)sicherer fühlte und Erfolgserlebnisse mit ihrer Hündin sammeln konnte, die die beiden noch enger zusammenschweißten und eine aufmerksame Kommunikation untereinander förderten. Damit wuchsen die beiden als Mensch-Hund-Team enger zusammen, und die Grundlage für ein Erfolg versprechendes Training war gelegt.

Emma und ihre Halterin sind kein Einzelfall. Vielen Menschen ist es viel zu wichtig, was andere über sie denken. Scham hält uns klein und lässt uns nicht in unsere volle Kraft kommen. Scham verhindert, dass wir ein authentisches, selbstbestimmtes Leben führen. Sie verhindert auch, dass wir uns sicher fühlen. Denn wir befinden uns durchgehend in einer Habachtstellung, dass uns jemand für unser Verhalten verurteilen oder abwerten könnte. Das führt dazu, dass wir uns so verhalten, wie andere es gerne hätten. Oder wie wir vermuten, dass andere es von uns erwarten. Doch du wirst es niemals allen Menschen recht machen können. Und weißt du was? Das musst du auch gar nicht. Das ist nicht deine Aufgabe. Deine Aufgabe ist es, dein Leben so glücklich zu gestalten, wie du nur kannst, und dein eigenes Licht zum Strahlen zu bringen.

Wir wissen selbst, es ist nicht immer leicht. Manchmal haut uns ein unerwünschter Kommentar eines anderen Hundehalters auf dem Spaziergang so sehr vom Hocker, dass wir erst mal nur perplex dastehen und gar nicht wissen, wie wir reagieren sollen, nur um diese Wut und das Schamgefühl dann den ganzen Tag mit uns herumzutragen und unserem Partner dann beim Abendessen zu erzählen, was wir stattdessen eigentlich alles hätten antworten sollen, um unserem gegenüber Paroli zu bieten. Kommt dir das bekannt vor?

Wie schade ist es jedoch, wenn wir einem Fremden die Macht geben, unser Wohlbefinden so zu beeinflussen? Ich bin mir sicher, diese Person hat den Vorfall schon längst wieder ad acta gelegt, während du dir noch immer den Kopf darüber zerbrichst.

WARUM ES DIR EGAL SEIN SOLLTE, WAS ANDERE HUNDEHALTER ÜBER DICH DENKEN

Es geht niemanden etwas an, was du mit deinem Hund machst.
Solange du deinen Hund auf dem Spaziergang nicht schlägst, mit tierschutzrelevanten Mitteln oder anderen unsachgemäßen Hilfsmitteln arbeitest. Die einen mögen dich verurteilen, weil du mit Leckerlis arbeitest, die anderen kommentieren, dass du es nicht tust. Egal, wie du deinen Hund ernährst, nach welcher Trainingsphilosophie du trainierst oder welchen Hundesport du in deinem Mensch-Hund-Team betreibst, es wird immer jemanden geben, der es anders machen würde und dem etwas daran nicht passt. Jeder Mensch beurteilt und verurteilt aufgrund seines aktuellen Wissensstandes und seiner persönlichen Erfahrungen. Hier kannst du anhand des unerwünschten Kommentars mal reflektieren: Ist diese Person bloß uninformiert und gibt laienhaftes Wissen von sich? Oder will sie tatsäch-

lich nur Dampf ablassen und nutzt dich als Ventil dazu? Distanziere dich davon. Auch du handelst zu jedem Zeitpunkt nach deinem aktuellen Wissensstand und nach bestem Wissen und Gewissen. Und wir wissen doch alle, jemandem seine Meinung auf diese Weise aufzudrücken hat eher den gegenteiligen Effekt.

Die Leute sehen immer nur einen Ausschnitt aus der aktuellen Situation.
Als ich gerade damit begonnen hatte, Leni an die Schleppleine zu gewöhnen, muss ich wohl nach außen so unbeholfen gewirkt haben, dass mir auf dem Spaziergang eine liebe Frau im Rollstuhl ihre Hilfe anbot. Ich meine, ich sah offensichtlich so hilfsbedürftig aus, dass die Frau trotz Handicap, matschigem Boden und eigenem Hund wohl besser mit der Leine zurechtgekommen wäre als ich! Und das, obwohl ich seit Jahren sehr intensiv mit der Schleppleine arbeite und meine Rückruf-Workshops einer meiner Schwerpunkte waren! Du kannst dir vorstellen, dass ich mir etwas dämlich und leicht beschämt vorkam. Statt mich aufzuregen, lachte ich jedoch über mich selbst und fand es mutig, dass die Frau mich auf meine Unbeholfenheit hinwies. Sie konnte ja nicht wissen, dass dies erst der zweite Tag war, an dem Leni an der Schleppleine lief und sich auch erst daran gewöhnen musste. Ich freute mich über ihre Hilfe und das nette Gespräch, welches daraus entstand, und erinnere mich noch immer gerne mit einem Schmunzeln an diese Situation zurück.

Löse dich von dem Gedanken, immer und zu jedem Zeitpunkt perfekt sein zu müssen oder einen perfekt erzogenen Hund vorzeigen zu müssen. In Wahrheit ist niemand perfekt, und jeder ist erleichtert, wenn er auch mal einem anderen, nicht so perfekten Mensch-Hund-Team begegnet. Denke auch du daran, bevor du ein Urteil über andere Menschen oder Hunde fällst.

Du bist der Experte für deinen Hund.
Lass dir keine Ratschläge von jemandem geben, der dich und deinen Hund nicht kennt. Jemand, der deinen Hund zum ersten Mal sieht, könnte einen Kommentar darüber abgeben, warum dein Hund so dick ist. Doch dieser Jemand sieht nicht das große Ganze. Er weiß nicht, dass dein Hund vielleicht Probleme mit der Schilddrüse hat oder gerade erst aus dem Tierschutz kommt, wo mit reinem Fett als Futter versucht wurde, ihn am Leben zu erhalten. Nur du kennst alle Fakten. Nur du kannst entscheiden, welche Informationen dir und der Gesundheit deines Hundes dienlich sind. Du bist der Experte für deinen Hund. Filtere für dich relevante Informationen aus solchen Unterhaltungen heraus, aber lass dich nicht verunsichern oder von deinem Weg abbringen.

Die Verletzung findet in der kritisierenden Person statt, nicht in dir.
Menschen, die andere Hundehalter ungefragt kritisieren, tun dies aufgrund eigener Erfahrungen, die mit dir nichts zu tun haben. Egal ob Neid, Wut oder Frust, dieses negative Gefühl findet in der anderen Person statt. Du bist lediglich der Auslöser, der Trigger, der die Person an ihren eigenen Schmerz erinnert. Die geäußerte Kritik richtet sich jedoch nicht an dich persönlich, sondern dient lediglich als Ventil, um eigene Emotionen auszuleben und fließen zu lassen. Diese Person ist zu diesem Zeitpunkt in einem Mangelbe-

wusstsein. Wäre sie in Fülle, also in Freude, Liebe oder Dankbarkeit, so sähe sie keine Notwendigkeit, sich aufzuregen und ihrem Ärger Luft zu verschaffen. Nimm Kritik also niemals persönlich. Solange du mit dir und deinen Entscheidungen im Reinen bist, lass dich nicht irritieren. Du hältst der Person nur den Spiegel vor.

Lass dich nicht auf das (Energie-)Niveau herab.

Jedes Mal, wenn du dich auf eine Diskussion einlässt und deine Energie nicht gesund abgrenzt, lässt du zu, dass deine Energie heruntergezogen wird. Deine ganze Schwingung reduziert sich, und du rutschst herab in das Mangelbewusstsein. Lass das nicht zu. Dein Tag ist viel zu wertvoll, als dich ärgern zu lassen und Trübsal zu blasen. Es tut dir weder gut, noch hat es einen Mehrwert für dich oder deinen Hund, mit anderen Menschen zu diskutieren oder zu streiten. Hier geht es auch nicht um Recht oder Unrecht. Häufig sind beide Diskussionspartner in einer Auseinandersetzung der Überzeugung, dass sie recht haben. Das ist jedoch wenig zielführend für das Finden einer Lösung. Du musst fremden Personen, die dich oder deinen Hund ungewollt kritisieren, jedoch keine Lösung anbieten. Du kannst einfach gehen und die Situation für dich beenden. Das ist dein gutes Recht.

Kill them with kindness – bleib freundlich!

Vor Kurzem war ich in Münsters Innenstadt unterwegs, als ich von der Seite von einer älteren Dame angemeckert wurde, warum ich meinen Mundschutz nicht korrekt trage. Er hing nur seitlich an einem Ohr, da ich gerade einen grünen Smoothie trank. Ich sagte ihr in freundlichem Ton, dass ich ihn gleich wieder korrekt tragen würde, wies aber auch darauf hin, dass ich mich gefreut hätte, hätte sie mir dies in einem freundlicheren Ton mitgeteilt. Daraufhin beruhigte sich die Frau und entschuldigte sich wieder und wieder. Ich nahm ihre Entschuldigung an und vergab ihr. Das Ende der Geschichte war, dass jeder von uns ohne Ärger und Groll seines Weges ging und ich mich durch meine Freundlichkeit nicht hatte herunterziehen lassen.

Hurt people hurt people. Verletzte Menschen verletzen Menschen. Sei du die Person, die Licht und Liebe in die Welt dieser Menschen bringt und die Kette der Verletzungen durchbricht.

SCHULD

Solange wir uns oder jemand anderem die Schuld für etwas geben, hängen wir in der Vergangenheit fest und lassen zu, dass unsere Gegenwart dadurch beeinflusst wird. Wir begeben uns in eine Opferhaltung, an der wir festhalten und von der wir uns nicht lösen möchten. Laut Neurowissenschaftlern aktivieren Schuldgefühle einen bestimmten Bereich unseres Gehirns. Es kann einen angenehmen Effekt haben, sich Schuld aufzuladen, da wir etwas vermeintlich Tapferes, also Gutes, tun und damit das Belohnungszentrum unseres Gehirns aktivieren. Dadurch reduziert sich die Aktivität dieses Hirnbereichs, wodurch das limbische System, das unter anderem unsere Emotionen verarbeitet, im grünen Bereich bleibt.[19]

Tatsächlich richten wir die meisten Vorwürfe nicht gegen andere, sondern gegen uns selbst. Wir werfen uns vor, nicht gut genug zu sein, vielleicht falsche Entscheidungen getroffen zu haben oder in irgendeinem Moment in unserer Vergangenheit einen Fehler begangen zu haben. Vielleicht kannst du dir auch nicht vergeben, dass dein Hund von einem Hundetrainer schlecht behandelt wurde, und du gibst dir die Schuld dafür, dass du diesen Trainer ausgesucht hast. Oder du gibst dir die Schuld für eine unangenehme Hundebegegnung oder für einen ungünstig verlaufenen Tierarztbesuch. Vielleicht trägst du auch die Schuld in dir, weil du deinen Hund alleine lässt, wenn du auf der Arbeit bist.

Es gibt so viele Situationen, in denen wir uns die Schuld für etwas geben. Da Schuld ein Gefühl aus unserem Mangelbewusstsein ist, begeben wir uns damit immer in eine negative Abwärtsspirale, die sich auf Dauer auch in anderen Bereichen unseres Lebens widerspiegelt. Vergebung hingegen befreit uns von der Last, die wir manchmal über Jahre mit uns herumtragen. Denn sie ermöglicht uns, aus den Ereignissen in der Vergangenheit Erkenntnisse für uns zu finden, an denen wir wachsen können. Jede Erfahrung hat ihre Bedeutung, denn sie hat dich genau dahin gebracht, wo du jetzt gerade stehst.

Erinnere dich an ein Ereignis zwischen dir und
deinem Hund, das du dir bis heute nicht vergeben
wolltest. Sieh dir die Situation noch mal ganz genau
an. Was konntest du durch diese Erfahrung lernen?
Was hast du über dich gelernt? Was hast du über
deinen Hund gelernt?

Welchen Fehler hast du durch diese Erfahrung in der
Zukunft nicht mehr gemacht?

Wie wärst du ohne diesen Vorwurf an dich selbst?
Was wäre ohne ihn möglich?

Du darfst jetzt all deine Schuldgefühle, deine Scham und die Vorwürfe gegen dich selbst loslassen. Erkenne, dass du zu jedem Zeitpunkt mit bestmöglichem Wissen und Gewissen und im Sinne deines Hundes gehandelt hast.

Um wirklich frei zu sein und sich nicht von Vorwürfen und negativen Gefühlen leiten zu lassen, ist es nicht nur wichtig, sich selbst zu vergeben, sondern auch anderen Menschen und eventuell auch deinem Hund.

All das, was dein Hund dir bisher angetan haben mag, vergib ihm. Verzeihe ihm, und führe dir vor Augen, dass dein Hund an einer intakten und sicheren Bindung mit dir als seinem Bindungspartner interessiert ist und es nicht annähernd irgendwelche Vorteile wie Genugtuung oder Rache für ihn hätte, wenn er mit Absicht gemein zu dir wäre und dir wehtun würde. Zumal Hunde ihre Menschen nicht mit vollem Bewusstsein verletzen können oder dies absichtlich täten. Lediglich ihr beschwichtigender Blick lässt uns manchmal denken, unsere Hunde würden verstehen, weshalb wir ihnen ein bestimmtes Ereignis nachtragen. Doch dem ist nicht so.

Menschen tragen wir jedoch relativ schnell bestimmte Dinge oder Ereignisse nach. Ihnen kann man unterstellen, aus einer bestimmten Absicht heraus gemein gewesen zu sein und uns verletzt zu haben. Menschen verletzen andere Menschen, wenn sie selbst eine ungelöste Situation mit sich herumtragen. Wenn sie sich selbst angreifbar und verletzlich fühlen. Dann setzt bei ihnen der Schutzmechanismus ein.

Aber auch Menschen verletzen nicht immer absichtlich. Manchmal sagt man auch etwas, was bei uns ganz anders ankommt, als es unser Gegenüber gemeint hat. Wir interpretieren Worte und Handlungen anders oder sind in der angesprochenen Thematik vielleicht einfach verletzlicher, als es unser Gesprächspartner erwartet hätte.

Solange wir an Vorwürfen und Schuldzuweisungen festhalten, geben wir auch die Verantwortung für unsere eigenen Entscheidungen und unser Leben ab. Durch den Vorwurf hält uns immer etwas in der Vergangenheit fest und hindert uns daran, unser Leben hier in der Gegenwart so glücklich zu leben, wie wir es uns wünschen.

Diesen Schmerz gilt es loszulassen. Vergeben bedeutet, der Erfahrung zuzustimmen. Vergebung bedeutet nicht, dass es richtig war oder du es tolerieren musst, was eine andere Person dir angetan hat. Vergeben bedeutet, für sich anzunehmen, dass man diese Erfahrung gemacht hat, und nicht länger dagegen anzukämpfen, damit man wieder frei ist!

Liebe und Mitgefühl sind die größten Game-Changer, wenn es darum geht, zu vergeben und den Vorwurf gegen andere und den Schmerz loszulassen. Falls du noch nicht so weit bist zu vergeben, dann ist das vollkommen in Ordnung. Vergib dann, wenn du dich bereit dafür fühlst.

Welchen Vorwurf trägst du deinem Hund gegenüber
noch mit dir herum? Was denkst du, wo hat er dir
unrecht getan? Denke daran, dass die Situation für
deinen Hund nicht mehr präsent ist und er niemals
in der Absicht und in dem Bewusstsein handelt, dir
als seinem Bindungspartner zu schaden oder gar
wehzutun.

Was passiert, wenn du weiterhin an den Vorwürfen
deinem Hund gegenüber festhältst?

_____

_____

_____

_____

_____

_____

_____

_____

_____

_____

_____

_____

Welchen Vorwurf trägst du einem anderen Menschen
gegenüber noch mit dir herum, und warum?
Was denkst du, wo hat er dir unrecht getan?

Denke daran, welchen Einfluss der Vorwurf an diese
Person auf dich und dein Leben hat. Was passiert,
wenn du weiterhin an den Vorwürfen dieser Person
gegenüber festhältst?

Was würde sich in deinem Leben ändern, wenn
du den Vorwurf an diese Person loslassen würdest?
Welche Möglichkeiten ergeben sich durch die Vergebung? Wie fühlst du dich, wenn du die negativen
Emotionen los- und wieder fließen lässt?

Vergebung ist ein Prozess, der meist nicht von heute auf morgen stattfindet. Sei während dieses Prozesses also geduldig, liebevoll und rücksichtsvoll mit dir selbst.

NEGATIVE EMOTIONEN SHIFTEN

All diese Emotionen schwingen auf der Bewusstseinsskala extrem niedrig und führen zu einem Bewusstsein von Mangel statt Fülle. Wir ziehen das an, was wir aussenden. Senden wir Angst, Scham und Schuldgefühle aus, wird uns auch das weiterhin in unserem Leben begegnen und uns in unserer Opferhaltung bestätigen. Die gute Nachricht ist: So, wie wir uns dahin programmiert haben, uns durchgehend mit diesen Gefühlen zu identifizieren, so können wir unsere Gedanken und Gefühle dank der Neuroplastizität auch umprogrammieren und uns in einen Grundzustand von Freude, Liebe und Dankbarkeit, den am höchsten schwingenden Gefühlen, bringen.

Ich erinnere mich noch daran, wie ich damals zum ersten Mal unsere Abi-Zeitung durchblätterte und mich darauf freute, den Beitrag meiner Freunde über mich zu lesen. Über jeden Schüler wurde ein kleiner Steckbrief, eine lustige Geschichte oder eine nette Anekdote erzählt, die ihn in seiner Person beschrieben. Gespannt blätterte ich die entsprechende Seite mit meinem Namen auf und las: »Wenn Kiki nicht gerade wegen Kopfschmerzen die letzte Stunde ausfallen ließ, dann vertrieb sie sich die Zeit mit dem Herumjammern über den Fakt, dass sie keinen Hund haben darf.« So oder so ähnlich spiegelten meine Freunde mir meine emotionale Grundhaltung: jammern, nörgeln, sich beschweren.

Also, nach der lustigen Stimmungskanone hörte sich das nicht gerade an! Zwölf Jahre später bekomme ich regelmäßig die Frage gestellt, wie ich es schaffe, immer so gut drauf und optimistisch zu sein. Die Antwort darauf lautet: Das bin ich nicht. Ich bin längst nicht immer gut gelaunt, fröhlich und blicke den Herausforderungen meines Lebens ausschließlich voller Zuversicht entgegen. Ein kleiner pessimistischer Teil der alten Kiki lebt definitiv noch in mir. Aber meine Einstellung zu so vielen Dingen hat sich von Grund auf geändert. Dankbar und achtsam durchs Leben zu gehen hat insbesondere in den letzten Jahren viel an meiner inneren Einstellung verändert. Aber es dauerte eben auch einige Zeit, meine Grundhaltung umzustellen. Also: *take your time*. Es lohnt sich!

Wie du im Kreislauf der Realität bereits gelernt hast, bestimmen unsere Gedanken unsere Gefühle und die wiederum unsere Handlungen. Denkst du etwas Schlechtes über dich selbst, wirst du dich auch entsprechend schlecht behandeln und so verhalten, als würdest du etwas nicht können, nicht stark genug sein, deinem Hund keine Sicherheit vermitteln können.

Diese Überzeugungen können z. B. sein:
- ◆ Ich bin nicht gut genug.
- ◆ Ich bin zu schwach, um meinem Hund Sicherheit zu vermitteln.
- ◆ Ich bin eine schlechte Hundehalterin.
- ◆ Ich habe immer Angst auf den Spaziergängen.
- ◆ Ich bin nicht stark genug, um für meinen Hund einzustehen.

Negative Glaubenssätze führen außerdem dazu, dass wir uns sowohl in ein schlechtes Mindset (Kopf) als auch in ein negatives Heartset (Herz) begeben. Das Leben ist aber viel schöner, wenn wir uns stark, wertvoll und geliebt fühlen. Einfach, um uns selbst glücklicher zu fühlen. Aber auch, um unserem Hund als starker Bindungspartner vorauszugehen, ihm Sicherheit und Führung zu vermitteln, was sich wiederum wertvoll und stärkend auf unsere Bindung auswirkt.

Daher ist es nun an der Zeit, alle negativen Glaubenssätze, die du über dich und deinen Hund hast, nach und nach aufzulösen.

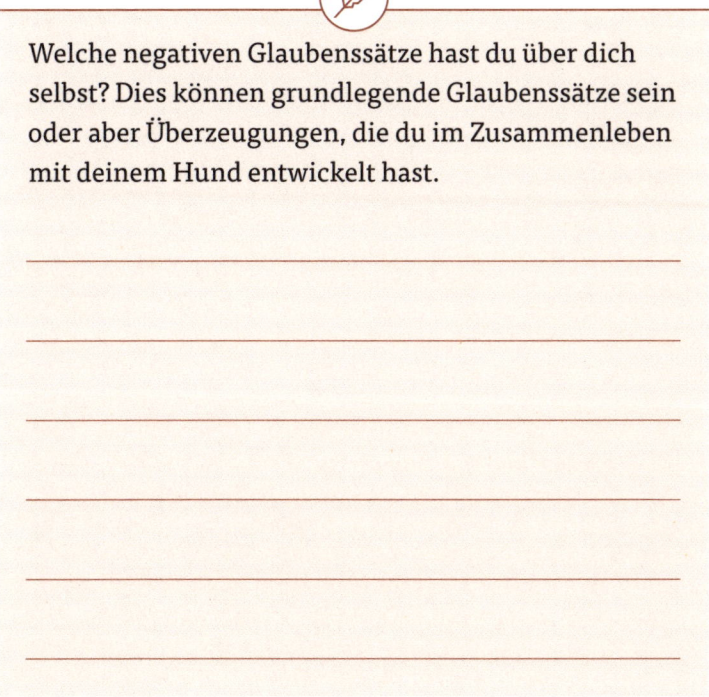

Welche negativen Glaubenssätze hast du über dich selbst? Dies können grundlegende Glaubenssätze sein oder aber Überzeugungen, die du im Zusammenleben mit deinem Hund entwickelt hast.

Erinnere dich an die Ereignisse oder Situationen, aus
denen diese Überzeugungen über dich selbst hervor-
gegangen sind. Woher stammen die negativen Glaubenssätze über dich selbst?

Negative Emotionen gehören genauso zu unserem Gefühls-repertoire wie positive Gefühle. Gemeinsam machen sie unser Leben bunt, spannend und aufregend und sorgen für ein Leben, das nicht nur auf einer geraden Linie verläuft, sondern eine aufregende Berg- und Talfahrt ist, die wir mit all ihren Höhen und Tiefen genießen können. Um jedoch nicht allzu lange an den negativen Emotionen festzuhalten, stehen uns einige Tools und Hilfsmittel zur Verfügung, um sie zu shiften und uns zu helfen, mit ihnen umzugehen.

Atemübung

Bist du in einer akuten Angst- oder Stresssituation, atme. Atme tief durch die Nase in deinen Bauch ein und anschließend vollständig durch den Mund wieder aus. Wiederhole diese Übung so lange, bis du dich besser fühlst oder sich die Situation für dich wieder entspannt hat. Wenn du magst, kannst du es auch mit der 4-7-8-Atemübung versuchen, bei der du vier Sekunden lang den Sauerstoff einatmest, deinen Atem für sieben Sekunden anhältst und anschließend acht Sekunden lang langsam und gleichmäßig durch den Mund ausatmest. Mit Atemübungen versorgst du deinen ganzen Körper mit Sauerstoff, der in deinen Zellen dafür sorgt, dass du klarer denken und handeln kannst.

EFT – Emotional Freedom Techniques

EFT ist eine Klopftechnik, eine Art Klopfakupressur, deren Ziel es ist, den ungestörten Energiefluss im Körper wiederherzustellen, also energetische Blockaden aufzulösen, die ein bestimmter Gedanke oder Reiz von außen ausgelöst hat. Um das zu erreichen, wird auf spezifische Meridian-Punkte an Kopf, Oberkörper und der Hand mit den Fingern geklopft, während man sich auf seine Angst konzentriert. Im Internet findet man verschiedene Videos und Anleitungen, die dir bei dieser Übung Unterstützung geben können.

Meditation

Meditation hilft nachweislich dabei, unsere Stimmung zu heben, unseren Umgang mit Gefühlen zu verbessern, unsere Konzentrationsfähigkeit zu steigern und klarer zu denken. Lisa und ich arbeiten selbst seit Jahren an unserer Meditationspraxis und können dir nur ans Herz legen, dir selbst Routinen für dich zu schaffen, die dir einige Minuten am Tag ermöglichen, nur mit dir in Stille zu sein. Einige unserer Kundinnen meditieren auch gerne mit ihren Hunden. Probier's mal aus!

Die Perspektive wechseln

Ein und dieselbe Handlung kann für dich eine ganz andere Geschichte und damit eine ganz andere Wahrheit bedeuten als für eine andere Person. Wir sehen die Welt nicht, wie sie ist, sondern wie wir sind. Und zwar gefiltert durch unsere ganz eigenen, persönlichen und subjektiven Filter, die für uns ganz anders aussehen können als für andere Menschen. In dem Moment, in dem wir uns erlauben, einen Blick in die Wahrheit der anderen Person zu werfen und unsere Perspektive zu verändern, besteht die Chance darauf, unser Herz zu heilen. Denn plötzlich empfinden wir Mitgefühl, entwickeln vielleicht sogar Verständnis und können nachvollziehen, warum die Person so gehandelt hat, wie sie es tat.

Die Perspektive zu wechseln hilft uns also, die negative Emotion nicht mehr in der Intensität wahrzunehmen, sie zu transformieren und sie schneller wieder gehen zu lassen.

Anleitung zum Shiften negativer Emotionen

1. Schritt: Emotionen wahrnehmen
Fühle in dich hinein. Was spüre ich?
Wo nehme ich eine Enge in mir wahr?

2. Schritt: Negative Emotionen zulassen und sie fühlen
Ich akzeptiere, dass dieses Gefühl nun da ist.
Es ist einfach eine Botschaft meines Körpers,
die mir etwas mitteilen möchte.

3. Schritt: Durch Coaching-Tools mit den Emotionen arbeiten und sie wieder fließen und gehen lassen.
Atmen, regelmäßig meditieren, EFT.

4. Schritt: Die Perspektive verändern
Ändere die Sicht auf die Dinge. Verständnis und Mitgefühl sind der erste Schritt für den Shift in etwas Positives.

5. Schritt: Welchen Gedanken kann ich stattdessen denken?
Transformiere deine Gedanken in etwas Positives wie in Dankbarkeit, Freude oder Liebe.

DANKBARKEIT

Manchmal, wenn ich mich richtig festgefahren fühle, ich total gestresst bin, weil ich zu viel gearbeitet habe und wieder dazu tendiere, mein Wohlbefinden von dem Erfolg meiner Arbeit abhängig zu machen, dann zoome ich raus und atme durch. Ich schließe meine Augen und blicke anschließend noch mal auf mein vermeintliches Problem. »Ernsthaft, Kiki? Ist es jetzt wirklich ein existenzielles Problem, dass du nicht mehr alle E-Mails beantwortet hast?« Dies ist eine von vielen Situationen, in denen ich merke, wie ich mich selbst manipuliere und alles viel mehr zum Drama werden lasse, als es das eigentlich ist. Wie schnell lassen wir uns von Kleinigkeiten verunsichern und verlieren den Blick für das Wesentliche? Meiner Meinung nach viel zu oft. Ich erinnere mich dann gerne an Folgendes:

Ich bin gesund.

Ich habe ein warmes Bett und ein Dach über dem Kopf.

Ich habe immer ausreichend Wasser und Nahrung zur Verfügung.

Ich habe freien Zugang zu Wissen, Ausbildung und Bildung.

Ich habe mehr als zehn Euro in meinem Geldbeutel.

Damit habe ich bereits mehr Fülle und Reichtum in meinem Leben als 5,5 Milliarden Menschen der Weltbevölkerung, also mehr als 75 % der Menschen auf diesem Planeten.[20]

Ich habe alles, was ich brauche. Mir kann nichts passieren. Und doch gibt es Tage, an denen fühlt es sich so an, als würde die Welt über mir zusammenbrechen. Doch ich denke, es ist vollkommen okay, sich auch mal so zu fühlen. Es darf auch mal alles scheiße sein, man darf auch mal weinen, jammern und sich beschweren. Aber es ist wichtig, nicht in diesem Gefühl zu verharren, sondern schnell wieder aus seinem schwarzen Loch herauszuklettern und sich zurück in ein Gefühl von Dankbarkeit zu begeben. Denn es gibt so unfassbar viele Dinge, für die wir dankbar sein dürfen!

Dankbarkeit ist der schnellste Weg, um uns in ein Gefühl von Freude, Frieden oder Liebe zu begeben. Diese Emotionen gehören zu den höchstschwingenden Gefühlen auf der Bewusstseinsskala nach Hawkins. Dankbarkeit ist das Tool, dass dich aus deinem Mangelbewusstsein sofort hochkatapultiert in ein Bewusstsein von Fülle. Dahin, wo wir eigentlich alle hinwollen. In die Verbindung statt in die Trennung.

»Nicht die Glücklichen sind dankbar.
Es sind die Dankbaren, die glücklich sind.«
— FRANCIS BACON

Wann immer dein Kopf wieder Drama tanzt, du Angst, Scham oder Schuld empfindest, zoome also raus. Stell dir vor, dass du die Rolle des Beobachters einnimmst und dich mit ein paar Metern Abstand siehst, wie du jetzt gerade auf einem Stuhl in deinem Zimmer sitzt. Nimm dir einen Moment für dich und frage dich: Möchte ich mich wirklich so fühlen? Denke an einen lieben Menschen, an deinen Hund oder an etwas, was dich glücklich macht, und hole dich damit aus der Vergangenheit oder aus der Zukunft, wo auch immer sich deine Gedanken gerade befinden, wieder zurück ins Hier und Jetzt. Erinnere dich daran, dass jedes Gefühl auch wieder vorbeigeht, du jedoch die Chance hast, Einfluss auf deine Gedanken und Gefühle zu nehmen.

Weil Dankbarkeit das Tool Nummer 1 ist, welches dich am schnellsten aus einem Gefühl von Mangel in ein Gefühl von Fülle bringt, empfehlen wir dir, eine Dankbarkeitspraxis in deinen Alltag zu integrieren.

Mach es dir also bereits am Morgen direkt nach dem Aufstehen zur Gewohnheit, an mindestens drei Dinge zu denken, für die du dankbar sein kannst. Nutze hierzu gerne ein Tagebuch, wenn du möchtest. Anfangs mag es dir vielleicht schwer erscheinen, drei Dinge zu benennen. Beginne hier gerne mit deinen Liebsten oder mit deinem Hund. Und fühle die Dankbarkeit für die Person/deinen Hund auch wirklich. Nimm dir hierfür einige Momente Zeit. Vielleicht bist du dankbar für den wackelnden Popo deines Hundes, wenn er freudig aufgeregt auf dich zugelaufen kommt, oder den klaren Himmel, an dem du einige Sterne erblicken kannst, einen freundlichen Gruß, eine Umarmung, das besonders leckere Mittagessen oder den warmen Tee nach einem langen, kalten Spaziergang. Es sind die kleinen Dinge, die manchmal unscheinbaren Momente, die uns tief berühren und uns wirklich glücklich machen.

Es ist wichtig, dass die Dankbarkeit unserem Herzen entspringt und nicht als Theorie oder Wort in unserem Kopf stattfindet. Je mehr du dich in Dankbarkeit übst, desto mehr Dinge werden dir auch über den Tag verteilt auffallen, für die du automatisch einen achtsamen Blick entwickelst. Wohin du deine Aufmerksamkeit richtest, dahin fließt auch deine Energie. Ist doch super, wenn du deine Energie statt zu den üblichen destruktiven Gedanken zu Gefühlen von Dankbarkeit fließen lassen kannst!

Für welche Erfahrung aus der Vergangenheit
bin ich dankbar?

_____

_____

_____

_____

_____

Wofür bin ich jetzt gerade dankbar?

_____

_____

_____

_____

_____

Für welches Ereignis in der Zukunft bin ich jetzt schon dankbar?

_____

_____

_____

_____

_____

Was ist bereits alles da? Was läuft mit meinem Hund schon besonders gut? Was haben wir bereits alles zusammen gemeistert?

_____

_____

_____

_____

_____

Wo standen mein Hund und ich noch vor einem Jahr, und wo stehen wir jetzt? Was war das größte Erfolgserlebnis in den letzten zwöf Monaten?

FREUDE

Als ich vor Kurzem mit Leni die Feldwege in unserer Nachbarschaft entlanglief, kam mir eine Gruppe mit einem Hund entgegen. Ein junges Mädchen führte den Hund an der Leine und rannte mit ihm durch hohe Gräser über das Feld. Immer mal wieder konnte man den Kopf des Hundes über den Gräsern aufspringen sehen, so wie man es von herumhüpfenden Rehen kennt. Zwei weitere Kinder schlossen sich ihnen an und liefen dem Mädchen und dem Hund hinterher.

Die Sonne ging gerade unter, die Kinder hatten rote Wangen, und die beiden Frauen lachten herzlich. Auf den ersten Blick konnte man erkennen, wie viel Freude die Kinder und der Hund hatten. Dieser Moment war pure Freude.

Durch Dankbarkeit lernst du ganz automatisch auch, achtsamer durchs Leben zu gehen und deinen Blick auf die Dinge zu richten, die sich gut für dich anfühlen. Achtsamkeit lehrt dich aber auch, den Moment wertzuschätzen, innezuhalten und insbesondere den zeitlichen Aspekt in deinem Leben zu beachten: und zwar deine Gegenwart.

Du lebst immer nur in der Gegenwart. Nicht in der Vergangenheit. Nicht in der Zukunft. Nur jetzt. In diesem Moment. Hunde können nicht der Vergangenheit hinterhertrauern oder sich Gedanken darüber machen, was in der Zukunft sein könnte. Hunde machen es uns perfekt vor: Sie leben den Moment. Sie leben im Hier und Jetzt. Sie schauen sich um, entdecken einen Hundefreund und laufen freudig hüpfend auf ihn zu. Sie erkennen ein paar Sonnenstrahlen und legen sich einfach hin, um die Kraft und die Wärme der Sonne in sich aufzusaugen. Hunde nutzen jeden Moment so für sich, als gäbe es nur diesen Augenblick.

Selbstverständlich haben wir Menschen im Gegensatz zu unseren Hunden Verpflichtungen, denen wir nachkommen müssen. Und die Zeit erlaubt es uns nicht immer, dem nachzugehen, nach dem wir uns gerade sehnen. Hin und wieder sollten wir uns jedoch wenigstens für einige Minuten erlauben, den Blick einmal achtsam durch die Gegend schweifen zu lassen, einige warme Sonnenstrahlen einzufangen, unseren Hund beim Spielen zu beobachten, den Vögeln und der Natur zu lauschen, die Augen zu schließen und einfach mal tief durchzuatmen.

Dabei dürfen wir uns auch gerne von unseren Hunden leiten lassen und sie uns als Vorbild nehmen. Immer, wenn du beobachtest, wie dein Hund gerade aufmerksam den Moment genießt, fühle dich dazu eingeladen, für eine Minute die Augen zu schließen, dich mit dem Moment zu verbinden, bei dir selbst anzukommen und dich zu zentrieren.

Im Hier und Jetzt zu sein und den Moment zu genießen führt uns vor Augen, wie bewusst wir wirklich jeden Moment für uns nutzen können. Wie wir jeden Moment die Möglichkeit haben, eine neue Entscheidung für uns zu treffen, danach zu handeln und danach zu leben und wieder inneren Frieden in uns einkehren zu lassen.

Nutze jetzt diesen Moment für dich. Schließe eine Minute lang die Augen, achte auf deine Atmung, lass deine Gedanken fließen und nimm wahr, was um dich herum passiert.

Lass Freude zu deinem natürlichen Zustand werden. Das Leben lebt sich so viel leichter in Freude. Tue mehr von den Dingen, die dich glücklich machen. Ohne Wenn und Aber. Du und dein Hund habt es verdient, glücklich zu sein.

(Selbst-)Liebe

Wenn man die Menschen fragt, was sie am meisten in ihrem Leben lieben, lauten die Antworten meist: den Partner, die Haustiere, Familie und Freunde, den Job, das Hobby, vielleicht auch etwas Materielles. All dies sind Dinge, denen es auf jeden Fall gilt, Liebe entgegenzubringen. Doch der Mensch, mit dem wir die meiste Zeit in unserem Leben verbringen, der wird an dieser Stelle nur sehr selten genannt. Und das bist du selbst.

Wann hast du dir das letzte Mal im Spiegel in die Augen gesehen und zu dir selbst »Ich liebe dich« gesagt? Wann hast du dich das letzte Mal zur Priorität gemacht und das Bedürfnis einer anderen Person deinem eigenen nicht vorgezogen? Wann warst du das letzte Mal mit dir ganz allein in Stille und hast deinem Herzen gelauscht?

Liebe ist allgegenwärtig und immer vorhanden. Ich bin mir sicher, du bringst jeden Tag eine unfassbar große Menge an Liebe und Fürsorge für deinen Hund und die Menschen in deinem Leben auf. Ich kann dir aber auch mit großer Überzeugung sagen, dass dann immer noch genug Liebe in deinem Herzen darauf wartet, dir selbst entgegengebracht zu werden. Und ich weiß, dass sich jeder deiner Liebsten genau das auch für dich wünscht.

Würde dein Hund zu dir sprechen, dann würde er dir vermutlich Folgendes sagen:

»Liebe/r (dein Name),

ich bin dir unendlich dankbar für all das, was du jeden Tag für mich tust. Ich sehe, wie du dich bemühst, mir das bestmögliche Hundeleben zu ermöglichen, mich zu verstehen, und ich spüre deine Liebe für mich in jeder Sekunde. Das macht mich unfassbar glücklich, denn die Bindung, die wir zueinander haben, gibt mir Sicherheit, Vertrauen und Geborgenheit und ein Gefühl von Zuhausesein, egal

*wohin wir beiden gehen. Ich wünsche mir, auch du wür-
dest sehen, was für ein unfassbar liebenswerter und wert-
voller Mensch du bist. Du solltest dir das häufiger selbst
sagen und dich daran erinnern. Denn damit würdest du
nicht nur dir selbst einen Gefallen tun, sondern auch ich
würde mich riesig darüber freuen, dich von innen strahlen zu sehen und zu wissen, dass es dir gut geht. Stell dir
mal vor, wie unschlagbar wir dann gemeinsam als Team
wären!*

Danke, dass es dich gibt. Ich liebe dich.«

Dein/e (Name deines Hundes).

Wenn wir noch ein letztes Mal auf die Bewusstseinsskala
nach Hawkins zurückschauen, erkennen wir, dass Liebe eines der am höchsten schwingenden Gefühle ist. Laut dem
Gesetz der Resonanz ziehen wir genau das in unser Leben,
was wir aussenden. Je häufiger du dich auf der Frequenz von
Liebe befindest, desto mehr Liebe ziehst du auch in dein Leben. Dabei kann sich Liebe in so vielen Dingen ausdrücken.
Es ist nicht nur die Art, wie du »Ich liebe dich« sagst, sondern auch deine Zeit, die du mit jemandem verbringst, ein
Danke oder ein wertschätzendes Wort. Liebe ist das Glück,
das du empfindest, wenn du in den Sternenhimmel schaust,
einen Schmetterling beim Fliegen beobachtest oder der Moment, in dem du das erste Mal deinen Welpen im Arm hältst.
Liebe bedeutet auch, seinen treuen Begleiter über die Regenbogenbrücke zu begleiten, im Guten wie im Schlechten für

ihn da zu sein, Fehler zuzulassen und sich zu erlauben, an ihnen zu wachsen. Liebe ist Freude. Liebe ist Dankbarkeit. Liebe ist alles. Und alles um dich herum ist Liebe.

Über Liebe und Selbstliebe gibt es unzählige Bücher, Onlinekurse, tolle Instagram-Accounts, YouTuber und Coaches, die dir auf deinem Weg mehr Halt geben, als wir es im Zuge dieses kurzen Kapitels könnten. Dennoch möchten wir dir in Liebe und von Herz zu Herz empfehlen: Übe dich so oft es geht darin, die Liebe um dich herum und in dir wahrzunehmen und sie überall zu verbreiten, wohin du auch gehst. Schau dich nur um, du findest sie überall. Und solltest du sie mal nicht finden, dann sieh zu deinem Hund, erinnere dich daran, welch ein Wunder es ist, dieses wundervolle Geschöpf in deinem Leben zu haben, und lass die Liebe dafür in dein Herz fließen und sich dort wie eine sanfte, warme Lichtkugel ausbreiten.

NACHWORT
WOHIN DU AUCH GEHST, GEH MIT DEINEM
ganzen Herzen

Wir glauben, dass Hundehalter die glücklicheren Menschen sind. Hunde machen unser Leben zu einer wilden Achterbahnfahrt mit vielen Hochs und Tiefs. Sie machen es spannender, intensiver und lebenswerter.

In unseren Pawsitive Life-Coachings beobachten wir, wie sich die Menschen immer mehr für Meditation und andere Achtsamkeitsübungen öffnen, um sich der Natur ihrer Hunde näher verbunden zu fühlen und die Welt voller Neugier aus einem anderen und aufmerksamen Blickwinkel zu betrachten. Der Fokus auf die Gegenwart schafft Leichtigkeit, während uns das Grübeln über die Zukunft und das Verharren in der Vergangenheit beschweren.

Wir sehen, wie die Bereitschaft vieler Hundehalter wächst, sich ehrlich und tiefgehend mit der Beziehung zu ihrem Hund auseinanderzusetzen. Denn letztendlich ist sie eine Verbindung zwischen zwei Geschöpfen, die ihren Seelenweg miteinander teilen, miteinander wachsen, die Sprache des anderen lernen und bedingungslos füreinander da sind. Welch ein Wunder hat uns die Natur mit unseren treuen Vierbeinern da geschenkt! Dieses Wunder gilt es dankend anzuerkennen und wertzuschätzen.

Wir hoffen, dass dir dieses Buch ein Ratgeber in vielen Lebenssituationen sein kann und dich daran erinnert, dass ihr als Mensch-Hund-Team nichts leisten müsst, um wertvoll und richtig zu sein. Sollten hin und wieder doch Zweifel oder Vergleiche mit anderen Hunden und ihren Haltern aufkommen oder der Leistungsdruck zu groß werden, erinnere dich daran, worauf es für dich und deinen Hund wirklich ankommt. Letztendlich ist nichts wichtiger, als dass du und dein Hund gemeinsam glücklich seid. Und das Potenzial an Glück, das in der Beziehung zu unseren Hunden steckt, ist immens!

Das Konzept der drei Säulen der Mensch-Hund-Bindung haben wir in den letzten Jahren, basierend auf vielen Coaching-Erfahrungen, Studien und neuesten Erkenntnissen aus der Wissenschaft sowie eigenen, persönlichen Erfahrungen, erarbeitet. Die drei Säulen helfen dir dabei zu reflektieren, was schon gut funktioniert und wo noch mehr Stabilität in eurer Bindung einkehren darf. Es ist okay, wenn du bisher an eurem Training und an deinen Kenntnissen gezweifelt hast. Es ist okay, dass du nur auf der Suche nach der einen richtigen Lösung warst. Und es ist auch okay, noch nicht die Antworten auf all deine Fragen zu kennen. Lass einfach los.

Wachstum entsteht immer dann, wenn die Dinge mal nicht so laufen, wie wir sie gerne hätten. Denn erst dann fangen wir an, umzudenken, zu überlegen und zu reflektieren, was wir anders machen könnten, um uns genau das Leben zu erschaffen, welches uns mit Glück erfüllt. Es ist an der

Zeit, aus den Erkenntnissen und Herausforderungen, die ihr als Mensch-Hund-Team bis hierher auf eurem Weg gesammelt habt, zu lernen.

Lass dich leiten von den Worten in diesem Buch, entscheide dann, welche Ansätze mit dir resonieren, und lass die Dinge beiseite, die dir überhaupt nicht zusagen. Denn jedes Mensch-Hund-Team darf ein glückliches Zusammenleben für sich selbst gestalten.

Ein glückliches Hundeleben bedeutet mehr als Futter und Auslastung. Auch Hunde haben ein Bedürfnis danach, verstanden und gesehen zu werden, in all ihrer wunderschönen Einzigartigkeit, mit allen Eigenarten, Gewohnheiten und Ängsten. Ein Hund ist keine Maschine, die nach einem bestimmten Schema funktioniert. Auch Hunde durchlaufen eine ganz individuelle und von so vielen Faktoren abhängige Entwicklung. Nicht jede Trainingsmethode passt zu dir und deinem Hund. Wenn du dich nicht wohlfühlst, ist es vollkommen okay und sogar wünschenswert, wenn du dich für dich und deinen Hund einsetzt und klar ein »Nein« kommunizierst. Denn das erfordert Mut. Und ist mit Sicherheit nicht immer leicht. Wenn du dieses Buch bis zum Ende gelesen hast, dann kannst du dir sicher sein: Du hast Mut! Du siehst deinen Hund, setzt dich für ihn ein. Aus unserer Sicht ist auch das Tierschutz! Die Individualität deines Hundes zu schützen und ihm das zu geben, was er zum Glücklichsein braucht. Denn jedes Lebewesen auf dieser Erde hat das größte Glück verdient.

»Hunde sind wie ein Spiegel
unserer inneren Welt. Sie zeigen uns,
wo noch Raum für Wachstum ist.«

Eine letzte Sache noch zum Schluss: Es wird Momente geben, in denen es dir schwerfallen wird, deinen Weg zu gehen. Es kann passieren, dass du hier und da mal aneckst, weil du im Sinne deines Hundes und nicht nach der Meinung der Gesellschaft handelst. Vielleicht holen dich alte Gewohnheiten zwischendurch wieder ein. Wenn diese Dinge passieren, sei liebevoll mit dir selbst. Verurteile dich nicht dafür, falls du nicht jedes Mal alles so umsetzt, wie du es dir vorgenommen hast. Hab Geduld – mit dir und mit deinem Hund. Vergiss nicht: Jede Beziehung ist ein Prozess, der stets veränderlich und nie abgeschlossen ist. Genieße euren gemeinsamen Weg mit all seinen Höhen und Tiefen.

An dieser Stelle möchten wir dir von Herzen dafür danken, dass du dieses Buch gelesen hast und dadurch dazu beiträgst, unseren Hunden eine Stimme zu geben, sie zu verstehen und ihre Persönlichkeit als Teil ihrer individuellen Einzigartigkeit anzuerkennen. Es bedeutet uns die Welt, dass es Menschen wie dich gibt, die für ihren Hund losgehen und alles dafür geben, eine glückliche und harmonische Mensch-Hund-Bindung zu schaffen.

Danke, dass es dich gibt. Von Herzen alles Liebe für dich und deinen Hund.

Stay Pawsitive!
Deine Kiki & Deine Lisa

DANKSAGUNG

LISA

Das Schreiben dieses Buches war für mich eine lehrreiche Reise. Damit ich sie antreten konnte, bin ich diesen wundervollen Seelen dankbar, dass sie immer an mich geglaubt und mich unterstützt haben. Von Herzen danke an Lisa, an Mama und Papa und an meinen Freund Luki.

Für dich, Kiki. Dass du immer an meiner Seite bist und ich mit DIR unser Wissen hinaus in die Welt tragen darf. Umarmi!

Für Finn & Samu. Ich schätze euch für eure unendliche Liebe und eure tägliche Inspiration, die mich zu der Hundehalterin hat werden lassen, die ich immer sein wollte.

KIKI

Für dich, Nala. Ich danke dir so sehr für unsere gemeinsame Reise, für dein Sein, deine Liebe und deine Weisheit. Danke, dass du mich auf meinen Weg gebracht und mir das gegeben hast, wonach ich so lange gesucht hatte. Mit dir fing alles an.

Für dich, Leni. So viel Dankbarkeit für dein Licht und deine Wärme. Du zeigst mir Tag für Tag, wie leicht das Leben sein darf. Danke, dass du diesen Weg mit mir fortführst. Für dich, Lisi. Für deine bedingungslose Freundschaft und deinen Mut, diese Vision in die Welt zu tragen. Love you!

KIKI & LISA

Wir danken euch von Herzen: Hannah, für deine Geduld und Herzlichkeit. Unserer Community für eure Treue und Bereitschaft für Veränderung. Danke an Luki, Anika, Tanja, Sabine, Melissa, Lorena, Anka, Nina, Marcus, Shaun und Laura Seiler. Danke für euch! Ihr seid ein Geschenk für die Welt.

Anmerkungen

1 Ulrich Schaffer, Leicht überhörbar, in: Ders., Sehnsucht. Die Kraft unserer Wünsche. The power of our wishes. Gedicht- und Bildband, Freiburg 2005.

2 Laura Malina Seiler, Mögest du glücklich sein, München 2017, S. 19ff

3 Laura Malina Seiler, Mögest du glücklich sein, München 2017, S. 28

4 Laura Malina Seiler, Mögest du glücklich sein, München 2017, S. 38

5 Lisa Horn, Ludwig Huber, Friederike Range (2013), The Importance of the Secure Base Effect for Domestic Dogs – Evidence from a Manipulative Problem-Solving Task. PLOS ONE 8(5): e65296. https://doi.org/10.1371/journal.pone.0065296.

6 Miho Nagasawa, Shouhei Mitsui et al. (2015), Oxytocin-gaze positive loop and the coevolution of human-dog bonds, Science 348(6232): 333–336

7 Rehn, Therese, Best of friends? Investigating the dog-human relationship, Uppsala 2013

8 Eben Pagan, Opportunity: How to Win in Business and Create a Life You Love, London 2019.

9 Crista L. Coppola, Temple Grandin, R. Marks Enns (2006), Human interactions and cortisol: Can human contact reduce stress for shelter dogs? Phiosolgy & Behavior 87(3): 537–541. https://doi.org/10.1016/j.physbeh.2005.12.001

10 Harry F. Harlow, (1958), The Nature of Love. American Psychologist 13: 673–685.

11 Paul Watzlawick, Anleitung zum Unglücklichsein, München 1983, S. 27.

12 Zusammenfassung des Prinzips der GFK nach Rosenberg unter https://akzeptanz.net/gewaltfreie-kommunikation/

13 Hannah K Worsley, Sean J. O'Hara (20218), Cross-species referential signalling events in domestic dogs. Anim Cogn 21: 457–465. https://doi.org/10.1007/s10071-018-1181-3.

14 Interview mit Iris Schöberl geführt von Ulrike Griessl, veröffentlicht am 02. März 2017 unter https://www.nachrichten.at/panorama/chronik/Froehliche-Menschen-haben-ausgeglichene-Hunde;art58,2498852.

15 vgl. Artikel zu der Studie, veröffentlicht unter https://www.diehundezeitung.com/hunde-als-empfindsame-wesen-amerikanische-studie-bringt-neue-erkenntnisse/.

16 Alexandra Horowitz (2009), Disambiguating the »guilty look«: Salient prompts to a familiar dog behaviour. Behavioural Processes 81(3): 447–452. https://doi.org/10.1016/j.beproc.2009.03.014.

17 https://candog.de/stimmungsuebertragung/

18 Pierre Franckh, Das Gesetz der Resonanz, Burgrain 2017, S. 23–25

19 https://ze.tt/diese-4-dinge-koennt-ihr-tun-um-eure-stimmung-sofort-zu-verbessern/

20 Lars Amend, It's all good, München 2019, S. 138